有机质碳素肥：牛粪

田间施用秸秆作
为有机质碳素肥

有机质碳素肥：糖渣及食品加工下脚料

采用生物集成技术种植山东良星66 小麦品种，千粒重达 47.2 克

山西省新绛县西王村张俊安，采用生物集成技术种植济麦 22 号小麦品种，每667 米²产量达 571.2 千克

山西省新绛县种植兰考 2-7 小麦品种，采用生物集成技术穗粒数95~106 粒（图左），采用常规技术穗粒数 38~47 粒（图右）

山西省侯马市乔村杨西山种植兰考 2-7 小麦品种，采用生物集成技术穗粒数 95~106 粒，比采用常规技术增产近 1 倍

山西省临猗县楚侯乡董家庄胡小定，采用生物集成技术种植晋麦 54 小麦品种，每 667 米^{2}产量达 681 千克，较对照增产 50%

采用常规技术（图左）与生物集成技术（图右）麦穗生长对比

山西省新绛县西曲村马东生，采用生物集成技术（图右）与常规技术（图左）种植玉米对比

3

山西省运城市盐湖区陶村镇张金村王平，采用生物集成技术种植玉米，每667米²产量1068千克，比对照增产78%

山西省新绛县北燕村朱梅，采用生物集成技术种植的黑玉米产品

采用生物集成技术种植的水稻，长势良好

贵州省安顺市西秀区，采用生物集成技术种植的油菜生长良好

中国式有机农业

有机粮棉油茶优质高效栽培

编著者

马新立　杨轶群　孙笑梅　张春红

金盾出版社

内容提要

本书作者围绕"有机质碳素肥＋有益菌肥＋植物诱导剂＋天然矿物硫酸钾＋植物修复素"五要素集成技术，介绍了9种有机粮棉油茶田间栽培方法。内容包括：中国式有机农业理论与实践，有机农产品生产五要素与12项平衡管理技术，"有机农业优质高效栽培技术"成果鉴定，有机农业发展方案，有机粮棉油茶田间栽培方法等。全书技术先进实用，文字通俗易懂，适合广大农民、家庭农场和基层农业技术推广人员阅读，也可供科研院所相关人员借鉴和参考。

图书在版编目(CIP)数据

中国式有机农业：有机粮棉油茶优质高效栽培/马新立等编著．—北京：金盾出版社，2015.1
ISBN 978-7-5082-9646-3

Ⅰ.①中… Ⅱ.①马… Ⅲ.①粮食作物—栽培技术—无污染技术②棉花—栽培技术—无污染技术③油茶—栽培技术—无污染技术 Ⅳ.①S51②S562③S794.4

中国版本图书馆 CIP 数据核字(2014)第 191583 号

金盾出版社出版、总发行
北京太平路 5 号(地铁万寿路站往南)
邮政编码：100036 电话：68214039 83219215
传真：68276683 网址：www.jdcbs.cn
封面印刷：北京盛世双龙印刷有限公司
彩页正文印刷：北京四环科技印刷厂
装订：北京四环科技印刷厂
各地新华书店经销
开本：850×1168 1/32 印张：3.875 彩页：4 字数：88 千字
2015 年 1 月第 1 版第 1 次印刷
印数：1～7 000 册 定价：12.00 元

(凡购买金盾出版社的图书，如有缺页、
倒页、脱页者，本社发行部负责调换)

马新立简介

马新立,男,1954年生,山西省新绛县人,高级农艺师,全国生态产业国际发展委员会生态农业科技专家,《蔬菜》杂志科技顾问,新绛县人大常委会副主任。1996年获山西省农业技术承包个人一等奖,1998年主持设计的鸟翼形生态温室获山西省科技进步一等奖、国家科技进步三等奖。2004年研究了"有机质碳素肥+有益菌肥+天然矿物硫酸钾+植物诱导剂+植物修复素"五要素集成技术。2009年以来,新绛县西行庄立虎有机蔬菜专业合作社,采用五要素集成技术生产的有机蔬菜连续5年供应香港地区。2009年12月牵头研究的"温室蔬菜创新增效和无公害生产调控技术研究与示范"获河南省科技进步二等奖;2010年12月牵头研究的"一种有机蔬菜田间栽培方法"获国家发明专利;2013年4月牵头研究的"一种开发高效有机农作物种植的技术集成方法"获国家发明专利;2013年6月牵头研究的"有机农业优质高效栽培技术"获山西省科学技术厅科学技术成果鉴定证书,认定为国内行业领先成果。

通信地址:山西省新绛县人大常委会

邮政编码:043100

咨询电话:15835999080

序

　　说起我对中国式有机农业新绛模式的认识，必须提到一个人，是我们所的一个喜欢从植物生理学角度思考并在农业一线辛勤耕耘几十年的老专家刘立新。2008年他应邀到陕西讲学时结识了山西新绛（山西省新绛县地处汾河下游，自古是我国蔬菜产区）的马新立和光立虎，并跟着他们一起去了趟新绛。回到北京后，刘老师兴奋地告诉我，他看到了他这辈子梦寐以求的农业，即传统农业加上现代元素，生产出的蔬菜和小麦产量高、耐贮存、好吃，还卖到香港了。从那以后，刘立新和董文奖（第一届中国式有机农业会议的发起人）就开始一趟一趟地跑新绛，刘老师从中也找到了传播他所研究的植物生理学，特别是次生代谢理论的土壤。我第一次见到光立虎是在陕西的合阳，是刘老师特意请光立虎过去的，我们聊了半天，从此跑新绛的人中又多了我和我们所微生物室的主任孙建光博士、耕作室的张淑香博士。

　　2012年秋，我们大家商量着要把新绛经验搞一个成果鉴定，鉴定材料用了半年的时间才整理好。成果的主要内容把刘立新的中国式有机农业的设想，即用胁迫开启植物次生代谢途径，用中微量营养元素确保植物次生代谢的正常运转，所产生的化感物质增加植物抗逆性、抗病性，由此生产出优质有风味的农产品；与马新立、光立虎的高产栽培五要素和十二项平衡田间管理结合，形成一个理论与实践相结合的中国式有机农业优质高产栽培模式。

　　新绛模式使用有机肥替代化肥的投入，用秸秆、牛粪等有机物与富含非豆科固氮菌的有益微生物组合菌,进行土壤有机物耕层快速无臭发酵,解决了作物碳饥饿等问题。加矿物质(作物次生代谢的需要),为作物营造良好土壤环境,并提供满足作物所需要的碳、氢、氧、氮、磷、钾、钙、镁、硫、铜、铁、锰、锌、硼、钼、氯和有益元素,为作物高产打下物质基础。该技术重视传统农业传承,在作物生长全程不断开启作物次生代谢途径,生长早期就有免疫力,进而使各个器官都产生抗病虫草害和抗灾害性天气的化感物质,从而提高农产品品质和风味,最终达到高产优质的目标。

此技术于2013年6月通过中国科学院院士武维华领衔的专家组鉴定,确认这套技术已经达到国内同行业领先水平。主要鉴定意见:独创的秸秆和有机肥的快速发酵技术推动了农民对于作物秸秆和有机肥利用的积极性,芽孢杆菌类有益微生物的应用提高了土壤的供氮能力,有益微生物和中微量营养元素的共同作用提高了作物的抗性。专家肯定了该项种植技术所具有的巨大生态效益,值得推广。

新绛模式的有机种植技术印证了有关科学论断,归纳起来有如下几点。

第一,新绛模式进一步证实了科学界对植物需要的大量元素,碳、氢、氧占全部所需养分的95%的定论,用简单方法解决了作物对碳、氢、氧的需要,并使有机种植的产量达到前所未有的高度。

第二,新绛模式实现了100%对尿素、磷酸二铵等化肥和农药的替代,彻底摆脱了农业生产离不开化肥、农药、除草剂、激素的思想束缚。采用作物秸秆、畜禽粪便、有益微生物菌剂和多种矿物质元素等生产物资,用1年时间将化学农业造成的土壤板结和贫瘠化改造为适合有机种植的农田。

第三，新绛模式进一步证明了非豆科微生物固氮理论在农业上广泛应用的可行性。新绛的有机种植中使用的质量上乘的微生物菌剂，活性菌高达 40 亿个/克，远远高于国家 2 亿个/克的标准，其中芽孢杆菌的非豆科固氮菌种类占 50% 以上。所以，用这套技术的农民已经习惯不再使用尿素了，大棚种植西红柿产量每 667 米^2 依然可以达到 2 万～3 万千克。这么高产量的氮从何处来：它们来自微生物固氮和微生物降解有机物成为可为作物直接利用的有机氮。

第四，新绛模式中还有另一种中国元素，除了按照国际惯例在有机农产品种植过程中不使用任何农药、化肥、激素类物质和转基因材料外，与此不同的中国元素是实施我们祖先传下来的农艺措施，即在栽培过程中不断地给作物略带伤害性的胁迫，并同时提供适当的营养，这事实上是促进了植物的次生代谢过程。次生代谢使作物的免疫系统功能增强，免疫功能产生的物质包括超氧化物歧化酶(SOD)、维生素 E、烟酸、酚类化合物、萜烯类化合物、前花青素、青蒿素、儿茶酚、类黄酮类化合物，这也是人类特别需要的营养。

第五，新绛模式还进一步印证了施入土壤的矿物质中的钙、镁二价元素对形成团粒结构起着不可替代的作用，土壤中的矿物质也是有益微生物和植物的次生代谢不可或缺的营养，而化学农业对矿物质作用的漠视是使土壤板结和农产品质量下降的根源。

第六，新绛模式的生态效益显著。主要表现在生产过程不再带入对农田的新的污染物，对已有的有机污染物的降解速度极快，对重金属污染有明显的钝化作用，其生态效益显著。

我国农业普遍存在化学农药和化学肥料的面源污染、土壤板结、农产品品质下降、病虫害加重等问题，而且化肥利用率低使农民承受经济损失的同时对环境又造成了巨大危害，耕地呈现有量无质的状况。若能将中国式有机农业新绛模式栽培技术在我国广泛示范推广，可避免化学肥料和化学农药的污染，可提供给大众好吃、不贵、有利于健康的有机农产品，可促进我国农业的持续创新和不断发展。

中国农业科学院农业资源与农业区划研究所　梁鸣早

前　言

　　有机农业是指在生产过程中不使用人工合成的肥料、农药、植物生长调节剂和饲料添加剂，而是采用有机肥满足作物营养需求的种植业，或采用有机饲料满足畜禽营养需求的养殖业。有机农业的发展可以帮助我们解决现代农业生产中出现的一系列问题，如土壤侵蚀和土质下降严重，化学农药和化学肥料大量使用对环境造成污染和能源过度消耗，物种多样性减少，作物土传病害严重，食品质量和安全没有保证等。

　　进入 21 世纪以来，有机农业生产的规模迅速扩大，全球有机食品的消费出现了大幅度的增长。有机农业生产方式在 100 多个国家进行推广应用，有机农产品市场不但在欧洲和北美快速拓展，其他一些国家包括发展中国家也在持续不断地扩大。我国有机农业起步于 20 世纪 90 年代，目前有机产品主要是植物类产品，其中茶叶、豆类及粮食作物的比重较大，而作为日常消费量很大的果蔬类有机产品则跟不上市场需求。2003 年《中华人民共和国认证认可条例》颁布实施后，极大地促进了我国有机食品的发展，但与发达国家相比还有很大的距离。

　　目前，有机食品零售额在整个食品行业中所占份额很小，只有 2%～3%，但增长潜力巨大，全球有机食品市场每年以 25%～30% 的速度增加，而我国有机食品国内销售仅占食品销售总额的 0.02%。随着我国经济的发展和人民生活水平的不断提高，人们更加关注自身的生活水平和饮食健康，十分渴望能够食用纯天然、无污染的优质食品。因此，发展有机农业，生产有机农产品，不仅具有较大的国际市场空间，国内市场发展空间更大。据预测，“十二五"期间,我国有机农业发展速度将保持在 10%以上,有机农产品具有广阔的市场前景。

  笔者 1995 年开始研究有机农业生产,2004 年研究了"有机质碳素肥+有益菌肥+天然矿物硫酸钾+植物诱导剂+植物修复素"五要素集成技术。2009 年以来,新绛县西行庄立虎有机蔬菜专业合作社,采用五要素集成技术生产的有机蔬菜连续 5 年供应香港市场。2010 年 12 月研究的"一种有机蔬菜田间栽培方法"获国家发明专利,2013 年 4 月研究的"一种开发高效有机农作物种植的技术集成方法"获国家发明专利,2013 年 6 月研究的"有机农业优质高效栽培技术"获山西省科学技术厅科学技术成果鉴定证书。为了进一步推动我国有机农业产业发展,根据多年来对有机农业的研究成果与实践经验,结合我国农业生产实际,笔者编写了中国式有机农业系列图书,包括《有机蔬菜优质高效栽培技术》、《有机果品优质高效栽培技术》、《有机粮棉油茶优质高效栽培技术》、《有机中药材优质高效栽培技术》。图书围绕五要素集成技术和 12 项平衡管理技术,对有机农作物的田间栽培方法进行了介绍,技术先进实用,文字通俗易懂,可供有机农业生产者、基层农业技术推广人员和科研院所相关人员阅读参考。

  由于水平有限,书中难免有错误和不当之处,敬请各位专家、各位同行和广大读者批评指正。

编 著 者

目　录

目　录

第一章　中国式有机农业理论与实践

围绕农业增收和食品安全,马新立对作物优质高效栽培生物技术模式进行研究:一是提出"12项平衡管理技术";二是提出"有机质碳素肥＋有益菌肥＋天然矿物硫酸钾＋植物诱导剂＋植物修复素"五要素集成技术。

2010—2013年,该项集成技术先后被国家知识产权局认定为两项发明专利:"一种有机蔬菜田间栽培方法"和"一种开发高效有机农作物种植的技术集成方法"。2009年由新绛县西行庄立虎有机蔬菜专业合作社实施推广,其产品连续供应香港地区5年。2013年6月26日,在中国农业科学院农业资源与农业规划研究所论证报告厅,由肖永红主持,"有机农业优质高效栽培技术"获得以武维华院士为组长的9名入库专家鉴定组通过,认定为国内行业领先科技成果。

一、光碳生物吸集理论与实践

日本比嘉照夫1991年编著《农用与环保微生物》一书中讲到:"在实际生产上,太阳能的利用率是在1‰以下,即使像甘蔗那样高效光合作用的C4植物,其生长最旺盛期的光合利用率也只能瞬间达到6‰～7‰的程度","二氧化碳利用率不足1‰"。

目前,传统农业技术对阳光、二氧化碳利用率不足1‰,采用生物技术可提高1‰～2‰,作物产量可提高1～2倍。举例如下。

(一)夏菠菜种植

山西省新绛县西横桥村芦新新,2013年选用抗热王菠菜品种,于 5 月 12 日撒播,每 667 米^2 用种量 1 800 克,施生物肥 5 千克。6 月 17 日叶面喷洒光碳核液,每 100 克对水 14 升。6 月 25 日收割,菠菜叶绿而厚实,每 667 米^2 产量 2 100 千克,这是良种良法相结合管理的结果。生长过程中曾出现 4 次 36℃～38℃高温天气,菠菜仍能保持正常生长,一般情况下菠菜会因热害而枯死,在晋南越夏菠菜因热害无人敢种。

(二)韭菜种植

山西省新绛县符村王双喜,2012 年 5 月大田栽植绛州立韭,2013 年早春已收割 3 刀,于 5 月 24 日在韭菜高 10 厘米左右时,按 15 升水对光碳核液 150 克叶面喷施,7 天左右见效,韭叶油绿鲜嫩,第四刀韭菜比对照早上市 6 天,每 667 米^2 产量 1 250 千克,增产 250 千克左右。因品质好,每千克比对照多卖 0.2～0.4 元。俗话说"六月韭、臭死狗",是说韭菜到了夏天太老不能吃,发霉后能熏死狗。而用光碳技术栽培韭菜,食用起来味道清香口感软滑,投入产出比为 1：16～30。

(三)油麦菜种植

山西省新绛县西曲村吕红枝于 2013 年 6 月 3 日下午,在她种植的尖叶油麦菜生长后期,叶面喷洒 1 次光碳核液 300 倍液,即 15 升水中加入该产品 50 克左右,6 月 10 日始收,到 6 月 14 日采收结束。油麦菜油绿水亮,茎粗叶厚,每 667 米^2 产量达 2 500 千克,比对照增产 500 千克。因品质好,每千克较对照售价高出 0.4～0.6 元,较对照增收 1 倍左右。

二、胁迫作物打开次生代谢功能理论与实践

中国农业科学院刘立新研究员 2008 年编著的《科学施肥新思

维与实践》一书中论述："人造环境胁迫使作物抗逆增产,及早打开
次生代谢功能和途径,同时释放出化感素和风味素。人们常说,温
室里的花朵经不起风吹雨打。然而,胁迫能锻炼植株抗逆性,提高
产量和质量是无疑的。在作物生长的一定阶段,自然和人为地对
植物体进行创伤,胁迫使之产生次生代谢功能和阻碍光合作用产
物回流到根部,缩短、加快物质循环利用和营养积累,提高作物产
品的密度、硬度、糖度及产量。"

例如,适度的风、热、虫、冻害,中耕、打杈、环剥、摘尖,施有益
菌肥、调理剂等,这些都能胁迫作物产生次生代谢功能。据笔者调
查,在生产中发生如下胁迫情况,作物增产幅度在 10%～25%。

(一)烧伤胁迫

火烧热烤造成植物体轻伤,植物体内产生大量激素,胁迫作物
打开次生代谢功能。山西省新绛县符村刘双奎,于 2012 年 6 月 8
日,麦茬秸秆还田复播并单 5 号玉米 3 335 米^2,待玉米长到 15 厘
米左右高时,邻地因点燃麦茬秸秆而引燃自己的玉米田间麦茬秸
秆,造成玉米苗烧伤干枯。经法院判决,点燃者按每 667 米^2 800
元赔偿刘双奎损失。之后刘双奎在田间观察,发现玉米叶秆干枯,
但根尚好,就在第二天浇了 1 次水,3 天后新叶长出来了,8 天后完
全恢复生长,按一般正常管理,到 9 月份收获,每 667 米^2 产量达
740 千克,且籽粒饱满,较没烧伤的玉米田每 667 米^2 还增产 140
千克。

(二)啃伤胁迫

植物体受到创伤后,传导信息系统为产生愈合物,使植株半休
眠细胞均处于紧张状态,从而胁迫产生激素激活次生代谢功能。
山西省新绛县符村王双喜,于 2011 年 12 月 26 日种植良星 66 小
麦,浇水后在地封冻时,本村王全着的羊啃了他的麦苗,就请本村

黄先生写告状书说："羊嘴如镐,连根带叶刨",要求养羊户赔偿,王全着说："我的小麦年年在封冻后放羊啃麦,将梢叶吃掉一些,多年来产量不比别人低"。也请黄先生写了个回状:"地冻如铁,只啃须叶,赔多少明年减产再给"。结果王双喜被啃的小麦翌年每667米^{2}产量达500千克,而未被啃的小麦产量只有350～450千克,比其增产50～150千克。

(三)氨气、热害胁迫

环境突然变劣,植物整体会进入应激状态,产生大量抗逆物,以提高自身的适应性,加速生长从而提高产品的数量和质量。2008—2012年,山西省新绛县西曲村马根路,在早春拱棚小甘蓝长到心叶抱住头时,即4月10日左右,选晴天中午将棚扣严,每667米^{2}随水冲入碳酸氢铵50千克,棚温升至40℃以上,待外叶打蔫时,去掉薄膜,让外叶脱水边缘干枯,其甘蓝包心快,上市早,产量高。过去认为是控外叶、促心叶生长的原因。笔者分析,是氨气、热害胁迫作物体打开产生次生代谢功能的作用。

(四)脱叶创伤胁迫

山西省新绛县温室栽培番茄约1万公顷,2000年以来,群众总结出一条高产经验,就是每穗果轮廓形成后,将果穗以下叶片全部摘掉。笔者分析,很大程度上是打叶胁迫作物产生次生代谢功能的作用。

(五)益生菌打洞胁迫

山西省新绛县北杜坞村贾万金,连续6年来用生物集成技术种植番茄,每株留果穗4～8层,每667米^{2}产量1万～2万千克,果实口感好,很少染病虫害。过去认为是以菌克菌、以菌抑虫、以菌解碳肥的增产作用。刘立新认为是益生菌对作物打洞胁迫的增产作用,打洞→愈合→再打洞→再愈合,即打破平衡到修复平衡、再打破平衡再修复平衡的生长发育原理。

(六)调理剂胁迫

赛众调理剂含有 46 种营养素,能使土壤自净化、疏松化,根际形成微生物良好环境系统,并胁迫植物自我打开次生代谢功能。山西省新绛县北燕村段春龙,2012 年 10 月 25 日播种小麦,用地力旺复合益生菌液每千克拌种 50 千克,每 667 米^2 基施赛众调理剂 25 千克。翌年返青后,每 667 米^2 叶面喷植物诱导剂 250 克,对水 35 升。到 6 月 12 日收获,每 667 米^2 产量 630 千克,常规技术栽培产量仅 360 千克,增产 75％。

(七)中耕胁迫

中耕松土,一是可以增加土壤含氧量;二是可以提高地温;三是可以保持耕作层的湿度;四是可以促进土壤益生菌的活动;五是适当伤害作物根系,能打开植物次生代谢功能,使作物体内糖度增加,植物抗逆性增强,提高产量和品质。

三、有益菌提高有机质利用率理论

日本比嘉照夫教授提出,应用生物技术作物产量是采用常规技术作物产量的 2~3 倍,其原因是"有益菌能将有机物利用率由在杂菌环境中的 20％~24％,提高到 100％"。

四、生物集成技术抑制病虫草害理论

刘立新认为,土壤中施用了充足的有机质碳素肥、有益菌肥和赛众土壤调理剂,土壤团粒结构良好,含水充足,含抑制病虫害的物质。其中的分解物黄酮、羟基肟酸类、皂苷、酚类、有机酸等有杀杂菌的作用;分解产生的胡桃酸、香豆素、羟基肟酸能杀死杂草;其产物中有葫芦素、卤化萜、生物碱、非蛋白氨基酸、生氰糖苷、环聚肽等对虫害具有抑制和毒杀作用。EM复合菌中含有淡紫青霉菌可分解根结线虫。

日本比嘉照夫在1993年编著的《有效微生物群在拯救地球》一书中论述:"在土壤里,再生型微生物占优势的地方,植物就以惊人的速度成长,既不生病也不遭虫害,由于完全不施农药和化肥,所以土壤就越来越好。相反,如果是崩溃微生物支配着的土地,植物就瘦弱又易生病,害虫群聚,不靠农药、化肥就无法维持生长。当今日本土壤有九成是腐败型的,趋向崩溃的方向。"

五、采用生物集成技术与常规技术 土壤营养状况及产量分析

中国农业科学院农业资源与区划研究所孙建光博士,对山西省新绛县北张镇农田进行土样化验,根据结果可以看出,作物栽培用生物集成技术与常规技术比较,有机质提高0.15~1.9倍,有效氮提高0.26~1.66倍,有效磷提高1.1倍左右,有效钾提高0.01~1.18倍,钙、镁均提高0.1~1倍;用生物菌后土壤pH值降低0.3左右;固氮酶活性用常规技术的土壤检测为0,采用生物集成技术高产田固氮酶活性含量为450~1 200纳摩/千克鲜土;采用常规技术的农田土壤,施用地力旺益生菌液30天左右固氮酶活性含量达400~500纳摩/千克鲜土(表1-1)。

表 1-1　山西省新绛县农田土样化验表（2013）

项目 种植户	产量效果	有机质 （克/ 千克）	碱解氮 （毫克/ 千克）	有效磷 （毫克/ 千克）	速效钾 （毫克/ 千克）	pH 值	钙 （毫克/ 千克）	镁 （毫克/ 千克）	固氮酶活性 （纳摩/千克鲜 土）12 小时
北熬汾村辛 代民用生物 技术种植温 室茄子	上茬温室茄 子每 667 米² 产量 1.6 万千 克	39.16	132.61	203.00	863.25	6.47	330.00	73.20	937.43
北杜坞村光 奎儿用生物 技术种植温 室越冬番茄	在－15.9℃ 低温条件下未 受严重冻害	23.30	80.85	133.80	442.10	6.85	480.00	97.60	624.95

续表 1-1

项目	产量效果	有机质（克/千克）	碱解氮（毫克/千克）	有效磷（毫克/千克）	速效钾（毫克/千克）	pH值	钙（毫克/千克）	镁（毫克/千克）	固氮酶活性（纳摩/千克鲜土）12小时
北燕村段炎明常规技术种植温室番茄	番茄植株在−15.9℃低温条件下全部冻死	20.35	75.39	93.20	221.66	6.98	300.00	73.20	0.00
北燕村段春龙温室种植番茄施鸡粪500千克、玉米秸5升，2月移栽，施用生物菌、长势好	上茬番茄四层果 每667米²产量1.4万千克	41.12	138.86	260.00	1471.22	6.99	280.00	158.60	1215.19

续表 1-1

项目 种植户	产量效果	有机质 (克/ 千克)	碱解氮 (毫克/ 千克)	有效磷 (毫克/ 千克)	速效钾 (毫克/ 千克)	pH值	钙 (毫克/ 千克)	镁 (毫克/ 千克)	固氮酶活性 (纳摩/千克鲜 土)12小时
北张镇段炎炎龙温室种植番茄,有机肥、化肥、农药,杀菌剂并用,灰霉病严重,毁秧改种西葫芦	栽西葫芦时每667米²冲施EM生物菌5千克	14.85	45.70	78.20	275.97	6.9	350.00	103.70	590.23
北燕村段春龙秸秆还田种植小麦,用EM地力旺菌剂拌种	小麦分蘖数3~9个	32.36	97.45	34.00	296.11	7.25	550.00	18.30	416.64

续表 1-1

项　目	产量效果	有机质（克/千克）	碱解氮（毫克/千克）	有效磷（毫克/千克）	速效钾（毫克/千克）	pH 值	钙（毫克/千克）	镁（毫克/千克）	固氮酶活性（纳摩/千克鲜土）12 小时
北燕村段春龙种植小麦未用 EM 生物菌拌种	小麦分蘖数 1~4 个	24.82	77.34	40.40	296.60	7.57	330.00	48.80	0.00
北杜坞村段永奎种植温室番茄	上茬番茄四层果 每 667 米² 产量 1.32 万千克	61.97	181.63	431.00	2071.05	6.43	1680.00	378.20	451.36

续表 1-1

项　　目	产量效果	有机质（克/千克）	碱解氮（毫克/千克）	有效磷（毫克/千克）	速效钾（毫克/千克）	pH 值	钙（毫克/千克）	镁（毫克/千克）	固氮酶活性（纳摩/千克鲜土12小时）
种植户									
北杜坞村段富城温室种植番茄单用化肥和化学农药	上茬每 667 米² 番茄产量 0.45 万千克	21.87	68.16	205.40	951.35	6.77	820.00	164.70	0.00

第二章 有机农产品生产五要素与 12项平衡管理技术

一、有机农产品生产基础必需物质 ——有机质碳素肥

影响现代农业高产优质的营养短板是占植物体 95％左右的碳、氢、氧。碳、氢、氧有机营养主要存在于植物残体即秸秆、农产品加工下脚料中,如酿酒渣、糖渣、果汁渣、豆饼等。还有动物粪便、风化煤、草炭等都是作物高产优质碳素营养的重要来源。

(一)粪 肥

碳素是什么,是碳水化合物,是动植物有机体,如秸秆、饼肥、牛粪、羊粪、鸡粪等。如牛粪中含碳 25％,羊粪中含碳 16％。

1. 牛粪 每 667 米² 施 5 000 千克牛粪含碳素 1 250 千克,可供产鲜瓜果 7 500 千克,再加上 2 500 千克鸡粪含碳素 625 千克供产瓜果 3 750 千克。总碳含量为 1 875 千克,可供产鲜果实 10 000 千克左右,可供产鲜叶类 20 000 千克左右。

2. 鸡粪 鸡粪中含碳 25％左右,含氮 1.63％,含磷 1.5％,每 667 米² 施鸡粪 10 000 千克,可供碳素 2 500 千克,生产 15 000 千克鲜瓜果。但是,氮素含量达 163 千克,超过合理含氮 19 千克的 8 倍;磷 150 千克,超标准要求 15 千克的 10 倍,所以肥害成灾,作物病害重,高质量肥投入反而产量上不去。

(二)秸 秆

干玉米秸秆中含碳 45％，1 千克干秸秆可生成鲜叶类蔬菜 10.8 千克，可长鲜瓜果 5～6 千克。秸秆与生物菌混施不会造成肥害。秸秆中的碳素为什么对作物有壮秆、厚叶、膨果的作用呢？其原因如下。

第一，含碳秸秆本身就是一个配比合理的营养复合体，固态碳通过有益菌等分解能转化成气态碳，即二氧化碳，可将空气中的二氧化碳浓度由 300～330 毫克/千克提高到 800 毫克/千克。太阳出来 1 小时后，室内二氧化碳含量一般只有 80 毫克/千克，而满足作物所需的浓度为 1 200 毫克/千克，缺额很大。秸秆中 75％的碳、氧、氢、氮被有益菌分解直接组装到新生植物和果实上。

第二，秸秆本身的碳氮比为 80：1，一般土壤的碳氮比为 8～10：1，满足作物生长的碳氮比为 30～80：1。显然碳素需求量很大，土壤中又严重缺碳，因此作物高产施碳素秸秆肥显得十分重要。

第三，植物残体是微生物的载体，微生物具有解磷释钾固氮作用，能够平衡土壤营养和植物营养。同时，秸秆还能保持地温，提高土壤透气性，降盐碱害，抑菌抑虫，提高植物的抗逆性。

(三)腐殖酸有机肥

通过农业部的广泛试验，证明腐殖酸有机肥对植物有以下作用。

1. 腐殖酸中含有的胡敏酸对植物的生长刺激作用　腐殖酸中含有胡敏酸 38％，加入氢氧化钠可生成胡敏酸钠盐和铵盐，施入农田能刺激植物根系发育，增加根系的数目和长度，根多而长，植物耐旱、耐寒和抗病，生长旺盛。作物有深根系主长果实、浅根系主长叶蔓的特性，故发达的根系是决定作物丰产的基础。

2. 腐殖酸中含有的胡敏酸对磷素的保护作用 磷是植物生长的三大要素之一,是决定根系多少和花芽分化的主要元素。磷素是以磷酸的形式供植物吸收,一般当季利用率只有15%～20%,大量的磷素被水分稀释后失去酸性,被土壤固定,失去利用价值。只有同有机肥或有益菌肥结合,穴施或条施才能持效。腐殖酸中的胡敏酸与磷酸结合,不仅能保持有效磷的持效性,还能分解无效磷,提高磷素的有效利用率。无机肥料过磷酸钙施入田间后,极易氧化失去酸性而失效,利用率只有 15% 左右。腐殖酸有机肥与磷肥结合,利用率可提高 1～3 倍,达 30%～45%。每 667 米² 施 50 千克腐殖酸磷肥,相当于 100～120 千克过磷酸钙。肥效能均衡供应,使作物根多,蕾多,果实大,籽粒饱满,味道好。

3. 提高氮碳比的增产作用 作物高产所需要的碳氮比例为30：1。近年来,人们不注重有机质碳素有机肥投入,化肥投入量过大,碳氮比仅有 10：1 左右,严重制约了作物产量的提高。腐殖酸肥中含碳量为 45%～58%,增施腐殖酸肥,作物增产幅度达15%～58%。

4. 增加植物的吸氧能力 腐殖酸肥是一种生理中性肥料,与一般硬水结合 1 昼夜不会产生絮凝沉淀,能使土壤保持足氧态。因为根系在土壤含氧量 19% 状态下生长最佳,有利于氧化活动,可增强营养的运转速度,提高光合强度,增加产量。腐殖酸肥含氧31%～39%,施入田间后可疏松土壤,贮氧、吸氧及氧交换能力强。所以,腐殖酸肥又称呼吸肥料和解碱化盐肥料,足氧环境可抑制病害发生发展。

5. 提高肥效作用 腐殖酸肥生产采用新技术,使多种有效成分共存于同一体系中,含有多种微量元素,活性腐殖酸有机质含量在 53% 左右。大量试验证明,综合微肥的功效比无机物至少高 5倍,而且叶面喷施比土施利用率更高。腐殖酸肥含络合物 10% 以上,能提高叶绿素含量,尤其是难溶微量元素发生螯合反应后,易被植物吸收,肥料的利用率高,所以腐殖酸肥还是解磷固氮释钾的好肥料。

6. 提高植物抗虫抗病作用 腐殖酸肥中含芳香核、羰基、甲氧基和羟基等有机活性物质,对害虫有抑制作用,特别是对地蛆、蚜虫等害虫有避忌作用,并有杀菌、除草作用。腐殖酸肥中的黄腐酸本身有抑制病菌的作用,若与农药混用,将发挥增效缓释能力,尤其是对土传病害引起的植物根腐死株有预防作用,也是有机栽培和无土栽培的廉价基质。

7. 改善农产品品质作用 钾素是决定产量和质量的大量元素,土壤中钾存在于长石、云母等矿物中,不溶于水,含无效钾10%左右,经风化可转化10%的缓性有效钾,速效钾只占全钾量的1%～2%。土壤与腐殖酸有机肥结合,可使全钾以速效钾形态释放出来80%～90%,土壤营养全,病害轻。腐殖酸肥中含镁量丰富,镁能促进叶片光合作用,植物必然生长旺,产品含糖度高,口感好。腐殖酸肥对植物的抗旱、抗寒等抗逆作用,对微量元素的增效作用,对病虫害的防治和忌避作用,以及对农作物生育的促进作用,最终表现为改进产品品质和提高产量。

目前,河南生产的抗旱剂1号,新疆生产的旱地龙,北京生产的黄腐酸盐,河北生产的绿丰95、农家宝,美国生产的高美施等均系腐殖酸有机肥料产品,且均可用于叶面喷施。叶面喷施是根施的一种辅助方式,它不能代替根施。

二、有机农产品生产主导必需物质
——有益菌肥

利用整合技术成果发展有机农业已成为当今时代的潮流。笔者总结的"有机质碳素肥＋有益菌肥＋植物诱导剂＋天然矿物硫酸钾＋植物修复素"五要素集成技术,2010年申请为国家专利。

山西省新绛县立虎有机蔬菜专业合作社在该县西行庄、南张、南王马、西南董、北杜坞、黄崖村推广应用五要素结合技术,中药材、小麦等作物均比过去用化学农药、化学肥料的常规栽培方式增产0.5～3倍。

五要素中有益菌肥起主导作用,其应用好处:一是能改善土壤生态环境,能平衡土壤和植物营养,不易发生植物缺素性病害,栽培管理中几乎不用考虑病害防治,根系发育粗壮。二是能将畜禽粪中的三甲醇、硫醇、甲硫醇、硫化氢、氨气等对作物根叶有害的毒素转化为单糖、多糖、有机酸、乙醇等对作物有益的营养物质。三是土施或叶面喷施有益菌肥,能充分打开植物二次代谢功能,将品种原有的特殊风味释放出来;而化肥是闭合植物二次代谢功能的物质,故产品风味差。四是有益菌肥施用后害虫不能产生脱壳素窒息而死,故生产中虫害很少,几乎不用考虑虫害防治。五是能将土壤有机肥中的碳、氢、氧、氮等营养以菌丝残体的有机营养形态供作物根系直接吸收,可将有机物在自然杂菌条件下利用率的20%～24%,提高到100%,产量也能大幅度增加。六是能大量吸收空气中的二氧化碳和氮,只要有机碳素肥充足,将有益菌肥撒在有机肥上,有益菌以有机肥中的营养为食物,大量繁殖后代(每6～20分钟生产一代),从空气中吸收大量作物生长所需营养,由自然杂菌吸收量不足1%提高到3%～6%,基本可以满足作物生长对氮素的需求,不用考虑再施化学氮肥。七是有益菌能从土壤和有机肥中分解各种矿物元素,在土壤缺钾时,除补充一定数量的钾素外,其他营养元素就不必考虑再补充了。八是能分解作物和土壤中的部分残毒及超标重金属。九是可增强作物的抗冻、抗热、抗逆性。十是田间常冲施有益菌,能改善土壤理化性质,化解病虫害的诱生源,防止作物发生根结线虫。

三、提高有机农产品产量的物质
——植物诱导剂

植物诱导剂是由多种有特异功能的植物体整合而成的生物制剂,作物使用植物诱导剂能抗热、抗病、抗寒、抗虫、抗涝,抗低温弱光,防徒长,并使作物高产优质,是有机食品生产准用投入物。

作物使用植物诱导剂,光合强度增加 50%～491%,细胞活跃量提高 30%左右,半休眠性细胞减少 20%～30%,从而使作物吸氧量增加,提高氧利用率达 1～3 倍。这样,就可减少氮肥投入,同时配合施用生物菌吸收空气中和有机肥中的氮,基本可满足 80%左右的氮素供应。

作物使用植物诱导剂后,酪氨酸增加 43%,蛋白质增加 25%,维生素增加 28%以上,达到提高作物产量和品质的效果。

用植物诱导剂 1 200 倍液,在蔬菜幼苗期叶面喷洒,能防治真菌、细菌病害和病毒病,特别是易染病毒病的中药材,早期应用效果较好。作物定植时按 800 倍液灌根,能使根系增加 70%～100%,同时可矮化植物,使营养向果实积累。因根系发达,吸收和平衡营养能力强,一般情况下不蘸花就能坐果,且果实丰满漂亮。

生长中后期如植株徒长,可用植物诱导剂 600～800 倍液叶面喷洒控秧。如果作物过于矮化,可用 2 000 倍液叶面喷洒缓解症状。

应用方法:取 50 克植物诱导剂原粉,放入瓷盆或塑料盆(勿用金属盆),用 500 毫升沸水冲开,放 24～48 小时后对水 30～60 升,灌根或叶面喷施。密植作物可每 667 米^2 放 150 克原粉,用 1.5 升沸水冲开随水冲入田间;稀植作物每 667 米^2 可减少用量至原粉 20～25 克。气温在 20℃左右时应用为好。作物叶片蜡质厚,可在母液中加少量洗衣粉,提高黏着力。高温干旱天气灌根或叶面喷后 1 小时浇水或叶面喷 1 次水,以防植株过于矮化。植物诱导剂不宜与其他化学农药混用。

四、钾对有机农产品的增产作用

据山西省土壤肥料站和山西省农业科学院化肥网统计数字,目前高产高投入大田普遍缺钾,一般大田补充钾肥可增产 10.5％～23.7％,严重缺钾者补充钾肥可增产 1～2 倍。因土壤大量元素氮、磷、钾严重失调,缺钾已成为影响最佳产量和质量的主要因素。

钾肥不仅是结果所需首要元素,而且是植物体内酶的活化剂,能增加根系中淀粉和木糖的积累,促进根系发展、营养的运输和蛋白质的合成,是较为活跃的元素。钾素可使茎壮叶厚充实,增强抗性,降低真菌性病害的发病率,促进硼、铁、锰吸收,有利于果实膨大、花蕾授粉受精等,对提高作物产量和质量十分重要。施磷、氮过多出现的僵硬小果,施钾肥后 3 天果实会明显增大变松,皮色变紫增亮,产量大幅度提高。

钾肥不挥发、不下渗、无残留,土壤不凝结,利用率几乎可达 100％,也不会出现反渗透而烧伤植物,宜早施勤施。

由于富钾土壤施钾后对作物也有增产作用,加之保护地内钾素缓冲量有所降低,土壤肥力越高,降低幅度越小,因此土壤钾素相对不足较普遍。有机肥中的钾和自然风化产生的钾,只作土壤钾缓冲量考虑,土壤钾浓度达 240～300 毫克/千克,作物才能丰产丰收。

有机生物钾是将氧化钾附着于有机质上,通过有益菌分解携带进入植物体,使钾利用率达 100％,有机生物钾能改善生态环境,提高产品的质量。

钾本身是 17 种植物必需营养元素中较为活跃的元素,又称品质元素,而且是调节多种元素的兴奋素。有机生物钾可在植物体内逆向流动和转移,调节多种营养元素的吸收,控制植物气孔关闭,尤其能提高植物的抗旱、抗冻、抗热、抗真菌和细菌的侵染能力。

例如,红牛牌硫酸钾肥、硫酸钾镁肥属有机天然矿质类型,特别是硫酸钾镁,内含作物生长发育必需的钾、镁、硫元素,特别适用于瓜果蔬菜等作物有机生产。摩天天然矿质硫酸钾肥、硫酸钾镁肥施入各类作物田间,能显著提高产品的品质,增强作物的抗旱、抗寒、抗热害能力,增产效果显著。赛众调理剂为有机认证准用生产资料,含速效钾 8%,缓效钾 12%,可膨果壮秆;含硅 42%,可避虫;含有 46 种稀土元素,能开启植物次生代谢功能,为土壤和植物保健肥料。

五、农产品增产的"助推器"——植物修复素

每种生物有机体内都含有遗传物质,是使生物特性可以一代一代延续下来的基本单位。如果基因的组合方式发生变化,那么基因控制的生物特性也会随之变化。植物修复素就是利用了基因这种可以改变和组合的特点,通过人为操纵,修复植物弱点,改良作物体内的不良基因,提高作物的品质与产量。

植物修复素的主要成分为 B-JTE 泵因子、抗病因子、细胞稳定因子、果实膨大因子、钙因子、稀土元素及硒元素等。现将其作用及使用方法介绍如下。

(一)作　用

激活植物细胞,促进细胞分裂与扩大,植物愈伤组织快速恢复生机,使细胞体积横向膨大,茎节加粗,膨果、壮株,诱导芽的分化,促进植物根系和枝秆侧芽萌发生长,打破顶端优势,增加花数和优

质果数。

植物修复素能使植物体产生一种特殊气味,抑制病菌发生和蔓延,防病驱虫;促进器官分化和插、栽株生根,使植物体扦插条和切茎愈伤组织分化根和芽,可用于插条砧木和移栽蘸根;调节植株花器官分化,可使雌花高达 70% 以上;平衡酸碱度,将植物营养向果实转移;抑制植物叶、花、果实等器官离层形成,延缓器官脱落、抗早衰,对死苗、烂根、卷叶、黄叶、小叶、花叶、重茬、落铃、落叶、落花、落果、裂果、缩果、果斑等症状的改善有明显效果。

(二)功　能

打破植物休眠,使沉睡的细胞全部恢复生机,增强受伤细胞的自愈能力,使创伤叶、茎、根迅速恢复生长,使病害、冻害、药害及缺素症、厌肥症的植物 24 小时迅速恢复生机;提高根部活力,增加植物对盐、碱、贫瘠地的适应性,促进气孔开放,加速供氧、氮和二氧化碳,促成植物体次生代谢。植物体吸收该产品后 8 小时内,可明显降低体内毒素。使用该产品无须担心残留超标,是生产绿色有机食品的理想天然矿物质。

(三)用　法

适用于各种作物,平均增产 20% 以上,提前上市,延长保鲜期,糖度增加 2°左右,口感鲜香,果大色艳,耐贮运。育苗期、旺长期、花期、坐果期、膨大期均可使用,效果持久,可达 30 天以上。施用时,以早晚 20℃左右时喷施效果为好。注意每粒对水不能低于30升。

六、有机农产品生产 12 项平衡管理技术

20 世纪 60 年代,我国确定的是农业八字宪法,即初级认识:

"土、肥、水、种、密、保、管、工";90 年代笔者确立作物生长 12 要素,即"土、肥、水、种、菌、密、光、气、温、病、虫、设施",是追求高产并利用天然资源的认识。2002 年笔者总结为作物生长 12 项平衡管理技术,即"土、肥、水、种、密、光、温、气、菌、设施、地下部与地上部、营养生长与生殖生长",是追求绿色食品要求的认识。2004 年整合研究五要素集成技术,即"有机质碳素肥＋有益菌肥＋天然矿物硫酸钾＋植物诱导剂＋植物修复素",是追求低耗能生产有机食品的新要求。五要素集成技术渗透到 12 项平衡管理技术中的内涵是:

(一)生态环境

一切作物健壮生长必须与周围的环境保持平衡,生产中要根据当地的纬度,将气温、光照、土壤质地、大气、水质等自然条件进行整合利用,设计地方设施标准。如山西省新绛县科技人员设计的鸟翼形系列生态温室,进光量大,升温快,保温好,日照时间长,四角可见光,昼夜温度变化与作物作息要求基本一致。

(二)土壤环境

土壤是植物营养和植株的载体,适宜作物生长发育的土壤理化性至关重要。土壤可分为 4 类。一是腐败菌型土壤。过去注重施化肥和鸡粪的地块,90％都属腐败型土壤,其土中含镰孢霉腐败菌比例占 15％以上。土壤养分失衡恶化,物理性差,易产生病虫害。20 世纪 90 年代至今,特别是在保护地内这类土壤逐年增多。处理办法是持续冲施有益菌肥。二是净菌型土壤。有机质粪肥施用量很少,土壤富集抗生素类微生物,如青霉素、木霉素、链霉菌等,镰孢霉病菌只有 5％左右极少发生病虫害。土壤团粒结构较好,透气性差,但作物生长不活跃,产量上不去。20 世纪 60 年代前后我国这类土壤较为普遍。改良办法:施秸秆、牛粪、有益菌肥等。三是发酵菌型土壤。乳酸菌、酵母菌等发酵型微生物占优势的土壤,富含曲霉真菌等有益菌,新鲜粪肥与有益菌结合施用,使镰孢霉病菌抑制在 5% 以下。土壤疏松,无机矿物养分可溶度高,富含氨基酸、糖类、维生素及活性物质,可促进作物生长。四是合成菌型土壤。光合细菌、海藻菌以及固氮菌合成型的微生物群占土壤优势位置,再施入海藻、鱼粉、蟹壳等角质产物,与牛粪、秸秆等透气性好,含碳、氢、氧丰富物结合,能增加有益菌即放线菌繁殖数量,占主导地位的有益菌能在土壤中定居,并稳定持续发挥作用,既能防止土壤恶化变异,又能控制作物病虫害,产品优质高产。

(三)合理取舍肥料

作物高产优质生长的三大元素是碳(占干物质整体 45%)、氢(占 6%)、氧(占 45%),氮、磷、钾只占 2.7%。合理取舍肥料,充分利用养分资源,茄果类、瓜类、豆类、根茎类蔬菜注重牛粪、秸秆投入(每千克可供产瓜果 4~7 千克),叶菜类蔬菜注重施用鸡粪(每千克可供产 7~8 千克)。100 千克 45% 天然矿物硫酸钾可供产瓜果 6 000 千克,我国多数地区需补充钾肥。

(四)水分营养

不要把水分只看成是水,各地的地下水、河水营养成分不同,有些地方的水中含钙、磷丰富,不需要再施这类肥;有些地方的水中含有机质丰富,特别是冲积河水;有些水中含有益菌多,不能生搬硬套不考虑水中营养去施肥。

(五)生命种子

过去很多人把种子的抗病性、抗逆性看得很重,认为是高产优质的先决因素。按"有机质碳素肥+有益菌肥+天然矿物硫酸钾+植物诱导剂+植物修复素"五要素集成技术,就不必太注重品种的抗病虫能力与抗逆性,着重考虑选择品种的形状、色泽、大小以及当地人的消费习惯即可。因为生态环境决定生命种子的抗逆性和植株长势。

(六)合理稀植

土壤瘠薄以多栽苗求产量,采用生物技术进行合理稀植,作物方能高产优质。如番茄采用常规技术每 667 米^2 栽 4 000 株左右,采用生物技术则栽 1 800 株;黄瓜采用常规技术每 667 米^2 栽 4 500 株左右,采用生物技术则栽 2 800 株;茄子采用常规技术每 667 米^2 栽 2 200 株,采用生物技术则栽 1 500 株;薄皮辣椒采用常规技术每 667 米^2 栽 5 000～6 000 株,采用生物技术栽则 3 600 株;西葫芦采用常规技术每 667 米^2 栽 2 200 株,采用生物技术则栽 1 100 株。合理稀植产量比过去合理密植还要高几倍。

(七)气体利用

二氧化碳是作物生长的气体面包,增产幅度达 0.8～1 倍。过去采用硫酸与碳酸氢铵反应产生二氧化碳。施用有益菌肥分解碳素物,产生二氧化碳量大、浓度高,并能持续供给作物,同时有益菌还能摄取利用空气中的二氧化碳。

(八)光能新说

万物生长靠太阳光,阴雨天光合作用弱,使用植物诱导剂光能利用率提高 0.5～4 倍,植物在弱光条件下也能生长。有益菌可将植物营养调整平衡,连阴天根系不会大萎缩,骤晴不闪秧,庄稼不会大减产。

(九)作息温度

大多数作物要求光合作用温度白天为 20℃～32℃,前半夜营养运转温度 17℃～18℃,后半夜植物休息温度 10℃左右。只有西葫芦白天要求 20℃～25℃,晚上 6℃～8℃。不按此规律管理,要么产量上不去,要么植株徒长。

(十)菌的发掘

土壤微生物大致被分为 2 类,一类为有益菌,一类为腐败菌。致病菌是腐败菌。土壤中有益菌增多,对作物来说,病虫害就会减少乃至绝迹。

有益菌肥施用的八大作用。一是平衡作物营养不易染病;二是粪肥除臭不易生虫;三是分解土壤矿物营养不必再施钙、磷等肥;四是吸收空气中氮、二氧化碳,不需补施氮肥;五是分解秸秆、牛粪、腐殖酸等肥中有机碳、氢、氧营养,减少浪费;六是能使有机肥中的营养以菌丝体形态直接通过根系进入新生植物体,是光合作用利用有机质和积累营养速度的 3 倍;七是连阴数日作物根系不会大萎缩死秧;八是可以化解蔬菜表面上的残毒物和土壤重金属。

(十一)调整地上部与地下部

常规栽培苗期切方移位囤苗,定植后控制浇水蹲苗,促进根系发达。采用生物技术苗期叶面喷 1 次植物诱导剂 1 200～1 500 倍液,植株地上部不徒长,不易染病;定植后用植物诱导剂 600～800 倍液灌根 1 次,地下部增加根系 0.7～1 倍,地上部植株矮化果实大。

(十二)调节营养生长与生殖生长

过去追求根深叶茂好庄稼,现在是矮化栽培产量、质量高。用植物修复素叶面喷洒,能打破作物顶端优势,营养往下转移,控制营养生长,促进生殖生长,果实着色一致,口味佳,含糖度可提高

$1.5\% \sim 1.8\%$。

应用实例：河北省石家庄市栾城县柳林屯乡范台村谭秋林，2008 年在温室里种植草莓，每 667 米^2 基施鸡粪 8 米^3，用有益菌肥分解，结果期追施 50% 天然矿物硫酸钾 30 千克，草莓产量 2 250 千克。到 2009 年 3 月 10 日，草莓叶片出现干边症，采取每次浇水均随水冲施有益菌肥的方法，缓解了症状。

第三章 "有机农业优质高效栽培技术"成果鉴定

一、"有机农业优质高效栽培技术"鉴定会专家评说

(一)武维华发言

（中国植物细胞生理及分子生物学家，
中国农业大学教授，中国科学院院士）

从项目鉴定资料和汇报中看到，微生物和生物技术在农业生产上的巨大作用和产量效果，有真实潜在的一面，同时总不能不允许我们质疑吧。我从没参加过成果鉴定，这次让我来当评委很有兴趣：一是有机农业高产的诱惑；二是食品安全的生产问题解决方法与内涵。

说法要谨慎，用词不要绝对化，比如别说秸秆反应堆不好，应说本技术创新点是什么，汇报要精炼，我们不是听课的，也不是听爱国精神教育的。

(二)李荣发言

（农业部全国农技推广服务中心
土壤肥料技术处高级农艺师、处长）

集成创新，看到实践效果，优质高产，可持续发展，这点是肯定

的。这项成果是由实践到理论,数字支撑有缺憾,要增加完善信息比对数,投入产出比值,劳力也算进去,品质风味标准数据等。

(三)李天忠发言

(中国农业大学农学与生物技术学院教授)

此项目感觉大,面宽,数据对比不严密,中心不突出,品质、产量指数缺,作为国家没给一分钱,基层工作者能做到这个份上,令人佩服,有潜在能量。

(四)李松涛发言

(北京市园林绿化局产业发展处高级工程师)

有机技术与产品是好东西,很有意义,科技集成指导实际生产成功,内容好、温馨,实践提升到理论数据,数据不甚到位,哪个物对哪个病害,什么物质能防什么虫草,应进一步理清完善。

(五)洪坚平发言

(山西农业大学资源环境学院教授、院长)

生产效果明显,专利证申请工作做得好,生物集成技术体现出效益很好,作为基层人员能做得这么出色、精彩,很不容易,汇报材料提炼得不到位,应完善才好。

(六)褚海燕发言

(中国科学院南京土壤研究所研究员)

对比证明不甚符合试验报告要求,如说生物技术在各种作物上都行,但要按试验报告规定来做。提法要科学,不能用压别人来说明自己,生物菌作用和产量数字一面令人兴奋,一面令人担忧,数据要斟酌总结。

（七）尚庆茂发言

（中国农业科学院蔬菜花卉研究所研究员）

我去过山西新绛，看到了生产效果，真不错，此技术比较可行，微生物作用大，生物集成技术不错，可报成果。报成果后，把数据充实，既要有固有的模式，又要按区域品种灵活性说明实情，不要停留在现在水平，要继续做下去。

（八）张东升发言

（中国农业科学院植物保护研究所研究员）

此技术令人耳目一新，农民欢迎，国内认可。不要说不用农药，农药是广义词，比如生物农药就可用。

（九）李季发言

（中国农业大学资源与环境学院教授）

我到新绛讲过课，见过马新立的有机蔬菜论著，在基层能做到这个份上，了不得，令人敬佩。科学数据要科学评论，自我评价不要与别的项目比，各有优缺点，多一些数据，少一些口号和说教。

（十）马新立发言

（项目集成技术整合人，新绛县高级农艺师）

我来说明几个问题：我们是基层生产一线的人，在农村一边寻找作物高产优质生产问题，一边找应用成果，先后将有益菌肥、植物诱导剂、赛众土壤调理剂等有机生产准用物质结合在一起，在全国各地各种作物上推广，增产幅度在 0.5～2 倍，不用化肥和化学农药，产品属有机食品，这点真做到了。

创新点：一是把作物生长的三大元素碳、氢、氧明朗化，占作物体 95％左右,氮、磷、钾只占 2.7％左右,主次位置在生产实践中摆对、挑明,增产才有理论和实践保证。二是把"农业八字宪法"提升为 12 项平衡管理技术,即将"光、气、温、菌"等天然因素在农业上的作用发扬光大。三是把生物集成技术成果运用起来,有机质碳素肥＋赛众土壤调理剂＋有益菌肥＋植物诱导剂＋植物修复素,后 3 种均属能打开植物次生代谢功能和途径的物质,使作物正常运转,产量也就大幅提高,产品为有机食品。

其实,我们有很多数据,只是不会整理,也不知道专家评委们想听什么内容。比如,今年我们在同块地种小麦,用生物技术每 667 米² 小麦产量 630 千克,对照产量为 360 千克。一片采用生物技术生产,一片采用常规技术生产,就是这么简单的产量对比试验。

再如,番茄用生物技术果实红色素含量提高 75.33％,有化验报告,但没写入总结汇报上去。还有用生物技术可分解 5 种物质杀杂菌,分解出 4 种物质杀虫,分解出 6 种物质抑草,不知道是评委、专家们想听的东西,没写上去。今后我们将完善这方面的内容。

武维华问:这几种产品能打开植物次生代谢功能的原理是什么?

马新立答:我说不深,生物菌能给植物体上打好些洞,穿破细胞膜;赛众土壤调理剂,能使作物根尖盐基化;植物诱导剂能使作物光强化,组织密集化,均属打开次生代谢功能的范畴和作用。

王天喜(山西临汾市尧都区汾河氨基酸厂厂长)答:我敢保证,我们研究的微生物菌剂,活性菌含量高达 500 亿个/克,目前国内外是无人可比的。

(2013 年 6 月 26 日召开"有机农业优质高效栽培技术"鉴定会,根据会上记录整理,未经本人审阅)

二、科学技术成果鉴定证书

成果登记	登记号	131186
	批准日期	2013年6月28日

科学技术成果鉴定证书

晋科鉴字 [2013] 第 186 号

成 果 名 称: 有机农业优质高效栽培技术

完 成 单 位: 山西省新绛县西行庄立虎有机蔬菜专业合作社
中国农业科学院农业资源与农业区划研究所
中农博发（北京）农业科学研究院
山西临汾尧都区汾河氨基酸厂
陕西赛众生物科技有限公司
山西运城市润海农林科技公司

主要研制人员: 刘立新　光立虎　马新立　梁鸣早　吕周锋
王天喜　王　博　张淑香　景保运　吴代彦

鉴 定 形 式: 会议鉴定

组织鉴定单位: 山西省科学技术厅（盖章）

鉴 定 日 期: 二〇一三年六月二十八日

鉴定批准日期: 二〇一三年六月二十八日

山西省科学技术厅
二〇一三年六月

三、科技成果简要说明及主要技术性能指标

有机农业优质高效栽培技术要点：①大量使用有机肥与富含非豆科固氮菌有益微生物复合菌进行土壤有机物耕层快速无臭发酵，带动了农民对秸秆和畜禽粪便利用的积极性。②芽孢杆菌等有益复合菌剂的应用效果显著，增强了土壤的供氮能力，在一定程度上减少了氮肥的使用。③使用中微量元素、有益微生物及多种栽培技术措施，以期提高作物的抗逆能力。该技术重视传统农业传承，在作物生长全程不断开启作物次生代谢途径，使作物生长早期就有免疫力，进而使作物各个器官都产生抗病虫草害和抗灾害性天气的化感物质，同时提高农产品品质和风味，最终达到高产优质目标。

技术性能指标如下：

（一）替代化学农业的施肥技术

耕层有机质的快速发酵技术：将有机肥、高活性微生物复合菌和矿质钾、中微量元素直接施用农田，旋耕后自然发酵，是一种替代化肥、农药、除草剂的高产优质栽培技术中的施肥技术。

（二）替代氮肥的供氮方式

农田按照上述方法施肥后，在土壤中产生两种活性氮可100％替代化肥氮：①微生物为作物固氮（非豆科固氮技术）。②土壤中有机物质被微生物降解的有机氮。另外，作物所需的磷也完全从有机物降解中获得。

该项目使用的地力旺微生物复合菌，其原菌种全部来自中国农业微生物菌种保藏管理中心（ACCC），菌剂的活菌数高达40亿个/克；地力旺复合菌中大部分为芽孢杆菌属，具有固氮能力，复合

菌群在为作物固氮的同时还把土壤中有机物降解为作物可再利用的矿物质、氨基酸、糖类、有机酸、小分子多肽、腐殖质、二氧化碳等，提高了有机质利用率，二氧化碳充足使作物的光合效率高，这是高产的基础；另外，微生物与作物存在共生关系，这种共生关系事实上是用胁迫开启作物次生代谢途径。

（三）胁迫和矿质钾、中微量元素是形成作物品质和风味的两要素

作物次生代谢使作物体内产生大量化感物质（功能性物质）、产量物质、品质物质、风味物质，使作物长势良好，产量大幅度提高，能生产出品质上乘的有机食品。

该技术中所使用的富含钾和中微量元素的矿物质肥，是经农业部肥料质检中心登记的赛众土壤调理剂，该调理剂还具有修复已被化学品破坏的土壤结构的作用，形成土壤水稳性团粒结构。

（四）有机农业优质高效栽培技术有广泛的适用性和先进性

山西省新绛县地处汾河下游，气候温和光照充足，自古就是我国蔬菜产区，新绛县西行庄立虎有机蔬菜专业合作社用中国式有机农业优质高效栽培技术，2007—2012 年间该合作社在 200 公顷耕地上生产的供港蔬菜全部合格；该技术广泛应用在各种大棚蔬菜、小麦、玉米、水稻等作物上，均能实现产量在原产量水平上提高 0.5～2 倍的效果，全国应用反馈意见证明，各地均取得令人欣喜的好收成；田间几乎不用考虑病虫害防治，产品味醇色艳。5 年内累计推广面积达 8.3 万公顷。

若将该栽培技术在我国广泛示范推广，可避免化肥和化学农药污染，可提供给大众好吃不贵、有利于健康的有机农产品，促进我国农业的持续创新和不断发展。

四、科技成果推广应用前景

有机农业优质高效栽培技术建议于 2009 年 2 月以信函方式奉报国务院温家宝总理,4 月 24 日国务院派中国肥业调查组到山西省新绛县调查,国务院办公厅 2009 年 6 月 2 日以 45 号文件正式出台《促进生物产业加快发展的若干政策》,拉开生物技术农业发展的序幕。2010 年中共中央在"十二五"规划中提出要培养生物技术骨干人才队伍,将生物技术应用推向实质性发展阶段。

有机农业优质高效栽培技术可广泛在大田作物和温室保护地的各种作物上应用,该项技术的可操作性强,与中国传统农业理念衔接密切,农民一听就懂易于推广。

该技术不但使农民增产增收,改善农产品品质,提高广大消费者的生活质量,而且还改良土壤提高耕性,使土壤中的有益微生物占优势生态位,加快了对农药残留的降解和土壤中重金属的钝化,提高了土壤的自净化能力。该技术不使用化肥和农药,在减轻了农民投资的同时也减少了化肥、农药对环境的叠加污染。该技术对我国已经被农药、化肥和重金属污染的土壤的修复意义重大,如果大力推广此技术定能较快摆脱我国土壤被污染的困境。

该项技术如果能得到推广,可解决我国农业的可持续发展问题,可落实好国务院提出的 2020 年较 2008 年农业收入提前翻番的目标和食品质量安全问题,为中国乃至世界提供优质高产的农产品,为后代留下一片净土。

五、科技成果主要文件目录及来源

（一）工作报告

山西省新绛县西行庄立虎有机蔬菜专业合作社、中国农业科学院农业资源与农业区划研究所、中农博发（北京）农业科学研究院、山西临汾尧都区汾河氨基酸厂、陕西赛众生物科技有限公司、山西运城市润海农林科技公司。

（二）技术报告

山西省新绛县西行庄立虎有机蔬菜专业合作社、中国农业科学院农业资源与农业区划研究所、中农博发（北京）农业科学研究院、山西临汾尧都区汾河氨基酸厂、陕西赛众生物科技有限公司、山西运城市润海农林科技公司。

（三）科技查新报告

中国农业科学院科技文献信息中心。

（四）相关证明材料

相关证明材料共 15 份。

山西省新绛县绿色食品发展中心被授予有机产品认证证书（附：北京五洲恒通认证有限公司证明新绛县绿色食品发展中心有机认证有效性）。

新绛县西行庄的出口植物源性食品原料种植基地检验检疫备案证书。

马新立、王广印、光立虎的"一种有机蔬菜田间栽培方法"专利受理书。

立虎有机蔬菜专业合作社生产的马新立牌有机蔬菜获全国品牌排行第七。

新绛县西行庄立虎有机蔬菜专业合作社 2012 年被授予"中国50 佳合作社"。

实用新型专利:一种复合益生菌活化装置(王天喜、刘青)。

发明专利证书:利用水葫芦汁发酵生产生物菌剂方法及其发酵装置(王天喜、刘青)。

专利初审通知:利用木薯酒精渣发酵生产微生物菌剂的方法(王天喜、刘青)。

专利初审通知:利用糖厂滤泥发酵生产微生物菌剂的方法(王天喜、刘青)。

发明专利证书:一种用于保健土壤的调理剂(吕周锋、侯高礼等)。

发明专利证书:一种防治根腐病的肥料(吕周锋、吴岱彦等)。

发明专利证书:一种防治果树流胶病的肥料(吕周锋、吴岱彦等)。

发明专利证书:一种防治农作物再植障碍的肥料(吕周锋、侯高礼等)。

专利申请受理:一种促进土壤团粒形成的土壤调理剂(吕周锋)。

发明专利申请公布:一种防治果树缩果病的肥料(吕周锋、吴岱彦等)。

(五)全国各地应用效益证明

全国各地应用效益证明共 17 份。

山西省新绛县土壤肥料工作站提供的证明材料。

新绛县西行庄立虎有机蔬菜专业合作社提供的推广面积统计表。

广东省台山市森江(华侨农场)2010年起在73.3公顷(1 100亩)推广证明。

河南科技学院园林学院在新乡等6市区连续5年累计推广6 667公顷(10万亩)面积证明。

深圳新农田农业科技有限公司2011年推广2公顷(30亩)蔬菜增产60%证明(附:深圳市科技创新委员会2011年成果登记项目公示)。

新绛县西行庄立虎有机蔬菜专业合作社连续5年种植200公顷(3 000亩)供港蔬菜生产证明(附件1.国际日报2012.10.31山西放心优质农产品走上港人餐桌;附件2.新绛县西行庄立虎有机蔬菜专业合作社与广东东莞市润丰公司供港蔬菜产销协议;附件3.山西侯马出入境检验检疫局网站报道西行庄25吨蔬菜运往香港;附件4.山西省运城市农业综合开发办公室运农发办[2008]63号文件)。

山东昌邑德杰大姜研究所667公顷(1万亩)大姜连续5年每667米^{2}增收3 000～5 000元。

杨凌祥和有机农业专业合作社5年太白县等试验,杨凌区政府确认推广立项附:杨凌示范区科教发展局和财政局(杨管科发[2012]24号文件)。

广西物本源生物科技公司连续3年种田七46.7公顷(700亩)增产52%,品质高。

新绛县西南董铺鑫苹果专业合作社42.7公顷(640亩)果园连续3年每667米^{2}增值5 000～8 000元。

新绛县宏彤有机小麦专业合作社2011年2.7公顷(40亩)每667米^{2}产量606千克,增产150～300千克。

河北省固安县农民瞿国辉连续2年种植黄瓜每667米^{2}产量1.4万千克,增产1倍。

中国超级小麦山西联合试验站2012年每667米^{2}小麦产量

824 千克,增产 80%。

临汾市尧都区汾河氨基酸厂生产农用益生菌剂,6 年累计推广 7.2 万公顷(108 万亩)(附:中国超级小麦山西联台试验站"地力旺生物菌剂在小麦上的试验报告";附:山西省土壤肥料工作站开具的应用证明)。

河南省清丰县裕达棉花专业合作社棉花增产 30% 以上,每 667 米^2 增收 500~1 100 元。

新绛县晋星旱半夏生产销售合作社 3 年 3.3 公顷(50 亩)旱半夏等中药材品质好,产量倍增。

新绛县日光温室蔬菜科技推广站 5 年推广有机农业优质高产技术累计约 3 333 公顷(5 万余亩)。

(六)有关图书和论文

科学施肥新思维与实践[M]. 中国农业科学技术出版社,2008.

探索中国式的有机农业之路——全新理论、全新技术及实践效果[EB/OL]. http://www.snorg.cn/newsdetail.asp? id=4514

推荐一种能提高肥料功能的方法——药食同源平衡施肥法[J]. 中国土壤与肥料,2009(3).

植物次生代谢作用及其产物概述[J]. 中国土壤与肥料,2009(5).

用化肥开启植物次生代谢途径的原理与方法[J]. 中国土壤与肥料,2010(1).

有机蔬菜生产十二要素[J]. 蔬菜,2009.

新绛县有机蔬菜生产准则[J]. 山西农业,2007(3):29.

茄子生态平衡管理原理与实践[J]. 安徽农业科学,2006(10):2046-2048.

有益菌对有机质的分解作用及对蔬菜的增产效应[J]. 广东

农业科学,2006(10):45-56.

生物菌分解秸秆的效应及其在有机蔬菜生产上的应用[J].
湖北农业科学,2006(10):45-46.

日光温室秋冬茬番茄高产栽培技术与分析[J].湖北农业科
学,2012(2):1378-1380.

生物有机农业发展探析[A].2011年中国农业系统工程学术
年会论文集,中国知网,2011.

六、科技成果鉴定意见

2013年6月26日,山西省科学技术厅组织有关专家对山西
省新绛县西行庄立虎有机蔬菜专业合作社、中国农业科学院农业
资源与农业区划研究所、中农博发(北京)农业科学研究院、山西临
汾尧都区氨基酸厂、陕西赛众生物科技有限公司、山西运城市润海
农林科技有限公司等单位共同完成的"有机农业优质高效栽培技
术"项目进行了科学技术鉴定,与会专家认真听取了项目组的汇
报,审阅了相关资料,经过质疑、讨论,形成如下鉴定意见:

第一,该项目组提交的资料齐全,符合鉴定要求。

第二,该项目将多项技术集成。①有机肥的耕层快速发酵技
术提高了土壤有机质含量,带动了农民对秸秆和畜禽粪便利用的
积极性;②芽孢杆菌等有益微生物复合菌剂应用效果显著,增强
了土壤的供氮能力;③通过施入多种微量元素、有益微生物复合
剂及多种栽培措施,以期提高农作物抗逆能力。该技术近年来累
计推广面积8.3万公顷(125万亩),取得了显著的生态效益和经
济效益。

第三,项目创新点。该项目集成了多项有机农业技术,综合应
用于蔬菜与部分农作物生产,取得了良好的生态效益和经济效益。
综合评价认为,该项目集成技术达到了国内领先水平。

第四,存在的问题和改进意见。建议进一步跟踪国内外有机农业的发展趋势,对现有集成技术在有关职能部门支持下,进一步开展深入研究以及逐步推广应用。

鉴定委员会主任: 　　　　　　副主任:

委员:

2013 年 6 月 26 日

主 持 鉴 定 单 位 意 见
同意鉴定意见   主管领导签字：（盖章） 2013 年 6 月 28 日
组 织 鉴 定 单 位 意 见
同意鉴定意见    主管领导签字：（盖章） 2013 年 6 月 28 日

七、科技成果完成单位情况

表 3-1 科技成果完成单位情况表

序号	完成单位名称	邮政编码	所在省市代码	详细通信地址	隶属省部	单位属性
1	新绛县西行庄立虎有机蔬菜专业合作社	040000	914	山西省运城市河东街402号	山西省	4
2	中国农业科学院农业资源与农业区划研究所	100081	911	北京市中关村南大街12号院内	农业部	1
3	中农博发(北京)农业科学研究院	100038	911	北京市海淀区羊坊店路6号7幢406	北京市	4
4	山西临汾尧都区汾河氨基酸厂	041072	914	山西省临汾市乔李科技园区	山西省	3
5	陕西赛众生物科技有限公司	715300	961	陕西省合阳县王村工业区9号	陕西省	3
6	山西运城市润海农林科技公司	044000	914	山西省运城市河东中街402号	山西省	5

注:1. 完成单位序号超过 8 个可附页。其顺序必须与鉴定证书封面上的顺序完全一致。

2. 完成单位名称必须填写全称,不得简化,与单位公章完全一致,并填写完成单位名称于第一栏中,其下属机构名称则填入第二栏中。

3. 所在省市代码由组织鉴定单位按省、自治区、直辖市和国务院各部门及其他机构名称代码填写。

4. 详细通信地址要写明省(自治区、直辖市)、市(地区)、县(区)、街道和门牌号码。

5. 隶属省部是指本单位和行政关系隶属于哪一个省、自治区、直辖市或国务院部门主管,并将其名称填入表中。如果本单位有地方/部门双重隶属关系,请按订的隶属关系填写。

　　6. 单位属性是指本单位在①独立科研机构②大专院校③工矿企业④集体或个体企业⑤其他五类性质中属于哪一类，并在栏中选填①②③④⑤即可。

八、科技成果主要研制人员名单

表 3-2　主要研制人员名单

序号	姓名	性别	出生年月	职称职务	文化程度	工作单位	对成果创造性贡献
1	刘立新	男	1940.02	研究员	大学	中国农业科学院农业资源与农业区划研究所	植物次生代谢研究和有机农业的套餐技术研究
2	光立虎	男	1953.01	理事长	大专	山西省新绛县西行庄立虎有机蔬菜专业合作社	组织有机农业技术试验示范推广
3	马新立	男	1954.08	高级农艺师	大学	山西省新绛县西行庄立虎有机蔬菜专业合作社	创新集成有机农业技术
4	梁鸣早	女	1949.02	副研究员	大学	中国农业科学院农业资源与农业区划研究所	植物次生代谢理论与应用技术研究
5	吕周锋	男	1957.03	高级农艺师	大专	陕西赛众生物科技有限公司	发现赛众土壤调理剂

续表 3-2

序号	姓 名	性别	出生年月	职称职务	文化程度	工作单位	对成果创造性贡献
6	王天喜	男	1952.02	高级工程师	大学	山西临汾尧都区汾河氨基酸厂	研究复合微生物有益菌肥
7	王 博	男	1966.10	主任编辑	大学	中农博发(北京)农业科学研究院	参与宣传有机农业技术实施
8	张淑香	女	1964.02	研究员	博士	中国农业科学院农业资源与农业区划研究所	参与有机农业套餐技术的研究
9	景保运	男	1945.12	总经理	大学	山西运城市润海农林科技公司	主持产学研技术联盟及项目实施推广
10	吴岱彦	男	1955.12	高级农艺师	大学	陕西赛众生物科技有限公司	参与发明赛众土壤调理剂
11	王广印	男	1958.06	教授	大学	河南科技学院	参与集成有机农业技术
12	卫国庭	男	1968.12	主任	大学	山西省新绛县农业委员会	参与组织有机农业技术试验推广
13	蔡 平	男	1976.04	主席	大学	山西省新绛县科学技术协会	主持项目科普宣传

续表 3-2

序号	姓 名	性别	出生年月	职称职务	文化程度	工作单位	对成果创造性贡献
14	陈德喜	男	1940.09	农艺师	中专	中国超级小麦山西联合试验站	组织有机小麦技术试验示范推广
15	乔红进	男	1958.09	研究员	大学	山西省土壤肥料工作站	参与组织有机农业技术试验推广
16	马 波	男	1989.09	技术员	大学	山西省新绛县水利局	参与组织有机农业技术试验推广
17	杨合安	男	1968.06	局长	大学	山西省新绛县科技局	参与项目组织实施
18	王建元	男	1969.08	农艺师	大学	山西省新绛县蔬菜发展中心	参与有机蔬菜技术试验示范推广
19	仪伟秀	女	1989.06	干事	大学	山西省新绛县科学技术协会	参与项目科普宣传
20	康 宇	男	1981.10	农艺师	大学	山西省土壤肥料工作站	参与有机农业试验示范推广

九、科技成果鉴定委员会名单

表3-3 鉴定委员会名单

序号	鉴定会职务	姓名	工作单位	所学专业	现从事专业	职称职务
1	主任委员	武维华	中国农业大学	植物生理	植物生理	院士/博导
2	副主任委员	褚海燕	中国科学院南京土壤研究所	土壤微生物	土壤微生物	研究员/博导
3	副主任委员	李天忠	中国农业大学	果树	有机种植	教授/博导
4	委员	李荣	农业部全国农技推广服务中心	土壤农化	土壤肥料	高级农艺师
5	委员	李季	中国农业大学	生态学	生态学	教授
6	委员	张东升	中国农业科学院植物保护研究所	植物保护	植物保护	研究员
7	委员	尚庆茂	中国农业科学院蔬菜花卉研究所	蔬菜学	蔬菜栽培	研究员/博导
8	委员	洪坚平	山西农业大学	土壤农化	土壤肥料	教授/博导
9	委员	李松涛	北京市园林绿化局	果树	果树栽培管理	高级工程师

十、科技成果登记表

表3-4　科技成果登记表

成果名称	有	机	农	业	优	质	高	效	栽	培	技	术	
													限35个汉字

研究起始时间	2007年5月	研究终止时间	2012年12月

成果第一完成单位	单位名称	山西省新绛县西行庄立虎有机蔬菜专业合作社				
	隶属省部	代码	914	名称	山西省	
	所在地区	代码	1401	名称	太原市	单位属性(4) 1.独立科研机构 2.大专院校 3.工矿企业 4.集体个体 5.其他
	联系人	景保运				
	邮政编码	040000	联系电话		13015411116	
	通信地址	山西省运城市河东街402号				

鉴定日期	2013年6月26日	鉴定批准日期	2013年6月28日

组织鉴定单位名称	山	西	省	科	学	技	术	厅		限20个汉字

成果有无密级	0	0-无　1-有	密级	（　）	1-秘密 2-机密 3-绝密

成果水平	1	1-国际领先 2-国际先进 3-国内领先 4-国内先进

任务来源	3	1-国家计划 2-省部计划 3-计划外

应用行业大类	01	01-农、林、牧、渔、水利　02-工业　03-地质普查和勘探业 04-建筑业　05-交通运输、邮电通讯业　06-商业、饮食、物资供销和仓储业　07-房地产、公用事业居民和咨询服务业 08-卫生、体育、社会、福利业　09-教育、文化、艺术、广播和电视业　10-科学研究和综合技术服务业　11-金融、保险业 12-其他行业

续表 3-4

应用情况	1	1-已应用 未应用原因 A-无接产单位 B-缺乏资金 C-技术不配套 D-工业性实验前成果 E-其他
转让范围	1	1-允许出口 2-限国内转让 3-不转让

科研投资(万元)		应用投资(万元)	
国家投资		国家投资	
地方、部门投资		地方、部门投资	
其他单位投资	1238	其他单位投资	24711
合 计	1238	合 计	24711

本年度经济效益(万元或万美元)					
新增产值	154886	新增利税		其中创收外汇	26

第四章 有机农业发展方案

一、山西省新绛县有机农业发展方案

本方案由山西省新绛县人大常委会马新立、山西省新绛县科学技术协会蔡平、山西省新绛县立虎有机蔬菜专业合作社光立虎制定。

山西省新绛县位于晋南临汾盆地,该地四季分明,昼夜温差适中,无霜期198天。属国家规划的设施农业最佳地理范围(晋冀鲁南、黄淮流域),全县有可耕地3.6万公顷,农田灌溉地2.7万公顷。

2014年4月30日县委书记邓雁平陪同《三农发展内参》办公室主任董文奖、中国农业科学院副研究员梁鸣早在新绛县考察,就如何进一步发挥"有机农业优质高效栽培技术"成果及其发源地优势,支持推广生态生物有机农业技术成果提出如下发展规划。

(一)新绛县农业技术发展现状

1.蔬菜 2013年全县蔬菜种植面积达2.1万公顷,其中设施蔬菜8 667公顷,年产值16亿元,人均蔬菜收入5 600元,占农业总收入的71%;土地流转面积达9 467公顷,占耕地面积的26.8%,是全省典型示范县。香港百利高公司在此安排供港蔬菜基地200公顷,北京中标国际有机农业发展公司在此挂牌认证有机食品生产基地160公顷,广东台山华侨农场在此安排毛节瓜产销基地。2005年全县认证有机基地3 133公顷,2012年又认证有机基地面积667公顷,产品经国家进出口检疫检验局等单位192

项检测,认定达国际有机食品标准要求,无公害蔬菜认定面积 1.3 万公顷,被评为"中国果菜强县"。

2013 年笔者组织调查,新绛县设施农业种植番茄 6 667 公顷,种植黄瓜、茄子、辣椒、西葫芦 2 000 公顷,每 667 米^2 年收入 2 万～3 万元者占 76%,年收入在 4 万～6 万元者占 13.7%。调查证明,凡收入高者,均是应用生物集成技术到位者。大棚种植面积 4 000 公顷,主要栽培甘蓝、菠菜、韭菜、芫荽、芹菜、黄瓜、茄子等。

2. 小麦复种玉米　一年两作生产面积 2 万公顷,近年来采用常规栽培技术,产量徘徊不前。每 667 米^2 水浇地小麦产量 300 千克左右,旱地小麦产量 150 千克左右;每 667 米^2 水浇地复种玉米产量 500 千克,旱地复种玉米产量 350 千克左右。采用生物集成技术,2013 年横桥乡西王村每 667 米^2 旱地玉米产量达 1 110 千克,北张镇北燕村每 667 米^2 水浇地玉米产量达 1 174 千克。

2013 年 9 月,中标国际有机农业发展公司在山西省新绛县北张镇区域,通过北京五洲恒通认证公司认定有机小麦种植面积 133.3 公顷,该基地选用鲁源 502 品种,10 月 20 日播种,每 667 米^2 播种量 15 千克。应用生物集成技术,2014 年 4 月 30 日由北京仲元绿色生物技术开发有限公司技术总监路森实地抽查,用生物技术小麦根深而壮,秆粗,每 667 米^2 有效穗达 60 万个左右,约有 10% 无效穗,每 667 米^2 产量 750 千克;采用常规技术对照每 667 米^2 播种 25 千克,有效穗 29 万个左右,因春施 1 次尿素,土壤浅层毛细根较多,茎秆较细矮化发黄,田间有 50% 无效穗,每 667 米^2 产量 330 千克左右。生物集成技术较常规栽培技术增产 127% 左右。

3. 中药材　全县在南岭、北山旱垣丘陵地区发展面积达 2 667 公顷,种植远志、半夏、甘遂、白术、地黄、瓜蒌等 10 多个品种,采用常规技术病虫害严重者绝收,收益好者每 667 米^2 产值 1 万～2.4

万元。近几年在横桥乡、万安镇、阳王镇、泽掌镇推广生物集成技术,中药材产量较过去增产 1.79～4 倍,每 667 米^2 产值达 3 万～8 万元。

4. 果品 新绛县桃园 2 333 公顷,核桃园 667 公顷。采用常规技术,核桃 3 年树龄产量 100 千克左右,油桃 4 年以上树龄每 667 米^2 产量 3 000 千克左右。2010 年以来,在北张镇西南董村、横桥乡西王村用生物集成技术栽培苹果每 667 米^2 产量达 5 000 千克;阳王镇、万安镇用生物集成技术栽培毛桃每 667 米^2 产量达 5 000 千克。比采用常规技术产量提高 0.5～2 倍。

(二)推进生物有机农业科技成果实施的建议

第一,成立"有机农业优质高效栽培技术"科技成果应用与推广机构,协调组织科技成果实验、应用与推广工作。利用当地科技人员研发的生物集成技术成果,构建新型农业经营体系,促进土地流转和形成新的农场主经营主体,落实中共中央、国务院"三农"工作精神。

第二,从 2014 年起建立"有机农业优质高效栽培技术"新绛示范区,逐步在有机蔬菜、有机玉米复种小麦、有机中草药、有机果品等方面培养典型示范户,每个点 6.7～20 公顷,政府补贴,即设施蔬菜每 667 米^2 补贴 400 元,粮食、果品、中药材每 667 米^2 补贴 200 元。2014 年 5～11 月,由新绛县农委、新绛县绿隆有机农业发展公司、新绛县立虎有机蔬菜专业合作社操作,重点补助黄瓜、番茄、辣椒等蔬菜大棚 50 个并开展示范推广。

第三,建立国内乃至国际有机农业优质高效栽培技术新标杆,打造"新绛技术品牌"。2014 年 10 月 5～10 日,新绛县"一村一品"展示交流会期间,积极组织召开有机农业优质高效栽培技术专家论坛与观摩会议,依托专家,扩大影响,打造"有机农业优质高效栽培技术——新绛模式品牌"。落实山西省 2014 年农村工作会议关于发展蔬菜、中药材、干果菜和小杂粮产业以及发展生态集成农业配套技术的要求。

第四，开展"有机农业优质高效栽培技术"专业人才培训并组织编写教材。每年遴选400个骨干，进行生物有机农业技术培训，在新绛本地实践，面向全国各地输出技术力量。本地培训可纳入全国农民工培训计划开展，可由人力资源与社会保障局、农委、科协、县职业技术学校牵头。

第五，成立生物有机农业优质高效栽培技术研究推广学会。结合《晋陕豫黄河金三角区域合作规划》的批复，积极成立市一级有机农业技术协会，一是对应用有机农业优质高效栽培技术的农户，零距离开展技术服务和跟踪指导。二是为有机农业优质高效栽培技术"中国农业科学院院士专家工作站"建设准备，为"工作站"技术研发、实验、试点、推广等开展对接工作。

第六，招商引资。现代电子商务、物流的飞速发展对农业发展影响重大，"农产品品质有认证、生产流程有标准、市场站位有品牌、规范运营有技术"的要求，倒逼农业生产现代化进程。新绛县可抢抓机遇，及早动手，设计"新绛技术模式、新绛流程、新绛品牌、新绛品质＋电子物流＋投资商"的招商产品，积极联系投资商、企业来新绛县投资。

第七，农委等相关部门应责成专人，设立专门机构，引进专门人才，规划专项经费，加强本县范围内农资经营户进行转产培训，逐步由经营化学农资向生物农资转型。农委及农口事业人员，由做检查、审批向掌握生物有机农业技术、产供销经营服务转型，充分发挥所学专长和对接生态生物有机农业生产，提高个人的现代农业指导水平。县上并作为政绩进行考核。

（三）目的效应

第一，全面推动生物集成有机农业技术成果前行，1～2年内地方农民人均收入达 1.5 万元,设施农业普遍每 667 米² 产值达 4万~6万元;露地作物如中药材、果品、蔬菜产量翻番,产值达 1.5万元左右。使现代农业导入不推自转的新型农业经济体系轨道,土地向有实力的经济体流转,为我国构建新型农业经济体系创造有效模式。

第二,以新绛县为立足点,建立生物有机农业新标杆,可获得上级领导和科研部门的认可和项目支持,以便招引若干生物产业相关企业在此落户,使生物农资面向周边地区及全国营销。使企业产生效益,带动财政增收。

第三,2~3 年内培养生物有机农民工技师 3 000~5 000 人,赴全国各地充当生物有机农业技术员,每人年工资可收入 10 万元,年可增加当地农民收入 3 亿~5 亿元。同时,将新绛县生物农资产前、产后相关产品推销至全国,地方经济发展将会引入良性循环轨道。

二、内蒙古自治区主要农作物应用生物集成技术产量翻番方案

本方案由山西省新绛县人大常委会马新立制定。

2014 年 4 月 22~26 日,笔者受邀赴内蒙古自治区乌兰察布市——内蒙古商都县绿娃农业科技有限责任公司和包头市农业技术推广站介绍有机农业优质高效栽培技术理论与实践,25 日与内蒙古自治区人民政府政策研究室(参事室)阿斯根和农牧场科技站田晓春讨论策划推广生物集成农业技术成果及落实国务院印发的《生物产业发展规划》生产方式,就内蒙古自治区农业产量翻番和产品达到有机食品标准的有关事宜进行了磋商。

根据日本比嘉照夫理论,光碳利用率提高 1%~2%,作物产量就可提高 1~2 倍的原理。应用有益菌土壤中有机质利用率可

提高 2～3 倍；作物叶面喷植物诱导剂，阳光利用率可提高 0.5～4.91 倍。内蒙古地区土壤有机质和钾丰富，光照较强，昼夜温差较大，空气质量好，比较干燥，病害亦轻，发展生态生物有机农业条件优越。

根据《牙克石市耕地与科学施肥技术》（郑海春编著）一书的数据（表 4-1 至表 4-3），笔者以牙克石市土壤现状为例做如下分析。

表 4-1　牙克石市耕地养分含量现状

名　称	有机质 （克/千克）	全氮 （克/千克）	碱解氮 （克/千克）	有效磷 （毫克/千克）	有效钾 （毫克/千克）
数　值	35.4～94.8	2.6～4.94	122～402	8.9～43.4	84～451

表 4-2　牙克石市 4 个主要农作物产量配方施化肥投入现状

项　目 名　称	每 667 米² 产量（千克）	有机肥 （千克）	含氮 （千克）	含磷 （千克）	含钾 （千克）	三元复合肥 总量（千克）
小　麦	250～325	0	7	8	9	24
油　菜	100～150	0	5	7.5	5	17.5
大　麦	250～300	0	5	5	5	15
马铃薯	1 500～2 250	0	6	4	10	20

表 4-3　牙克石市作物高产土壤养分含量

项　目 名　称	有机质 （克/千克）	全氮 （克/千克）	碱解氮 （克/千克）	有效磷 （毫克/千克）	速效钾 （毫克/千克）
小　麦	50～90	≥2.8	3.8	36.4	230
油　菜	60～90	≥3.4	4.4	40.6	294
小　麦	44～90	≥2.9	3.3	31.6	340
马铃薯	80～90	≥3.5	4.6	40.5	388

从表中可见,牙克石市土壤养分含量满足作物高产需求,只需补地力旺复合生物菌液和植物诱导剂,作物产量可翻番。

表4-4 内蒙古主要作物产量翻番土壤投入方案

项目 品名	每667 米² 产量 (千克)	理论每 667米² 投入含碳 素45%干秸 秆有机肥 (千克)	实际投入 可减去常 规技术每 667米² 产量实际数	地力旺 益生菌液 (千克)	植物诱导剂 (克)
小麦、大麦	500~650	1000~1200	500~600	2~3	50
油菜、向日葵	200~300	400~500	200~250	2~3	50
瓜果、蔬菜	5000~20000	3000~4000	1500~2000	15~20	50~100
马铃薯	4000~5000	800~1000	400~500	2~4	50~75
玉米、水稻	1000~1200	500~600	250~300	2~3	50
甜菜、萝卜	4000~5000	800~1000	400~500	2~4	50
大豆、干椒	300~400	1500~2000	750~1000	2~3	50
叶类蔬菜	4000~8000	400~800	200~400	4~6	50

每千克干秸秆(含碳45%)在益生菌液作用下供产粮食0.5千克,可产含水90%左右的果菜5千克。畜禽粪按含水量、杂质的情况投入,含碳量一般占干秸秆的一半。

一般生产1 000千克马铃薯块茎,需吸收10.6千克钾,那么每667米²产5 000千克马铃薯需50%天然矿物硫酸钾100千克,因为地力旺益生菌液能提高利用率1倍左右,所以投入50千克即可。只要土壤含钾量在240毫克/千克以上,在有益菌作用下,可满足高产需求,不需补钾。土壤中含钾量低于240毫克/千克,按每千克钾素产粮食33千克、产鲜果1万千克、鲜叶1.6万千克投入。同时,在有益菌作用下,其他中微量元素利用率均可提高

0.1～5 倍，所以不需投入微量元素就能达到作物产量翻番的目标。

一般高产农田土壤碳氮比为 30：1，每 667 米^2 最大容量含氮元素达 19 千克、碳元素 570 千克，即合含碳 45％的干秸秆 1 260 千克，可供产干粒粮食 630 千克。如果每 667 米^2 小麦、玉米、水稻产量翻番达 1 260 千克左右，土壤中不能再增加氮投入，否则氮素浓度过大，易造成肥害。常规栽培每 667 米^2 大田作物产量 600 千克左右就到顶点，而用有益菌不断从空气中摄取氮和二氧化碳，不会造成肥害。只要每 667 米^2 土壤中施入 2 000 千克有机肥、干秸秆 1 000 千克左右、童忆地力旺益生菌液 2 千克，就能从空气中吸收氮素，基本能保证作物高产需要。空气中二氧化碳含量为 300 毫克/千克左右，碳素含量较少，产量要翻番，必须向土壤 40 厘米耕作层中施入有机碳肥。每平方米产粮食 2 千克，需施碳素 2 千克，合干秸秆 4 千克左右。

三、河南省有机农业技术推广方案

本方案由山西省新绛县人大常委会马新立、河南科技学院王广印制定。

2014 年 5 月 12 日，笔者与光立虎被邀请到河南科技学院参加"河南省蔬菜生产新技术研讨及设施农业生产观摩会"。在会上我们作为生物有机农业成果集成人员，向河南省农业厅、农科院所 35 名领导、专家介绍了有机农业优质高效栽培技术成果理论与实践，并聆听了多位专家、教授的新技术讲解与分析。如王广印教授做了"大棚秋番茄裂果及蔬菜生产中值得关注的几个问题"的报告，简要分析了新乡市大棚秋番茄裂果的主要原因，并提出有效防治对策。

据河南省农业厅经作站陈彦峰研究员介绍，河南省 2013 年小麦总产量 5 600 亿吨,蔬菜 173.3 万公顷,产菜 7 000 万吨,产值 1 251 亿元。设施温室面积达 22.7 万公顷(净栽培面积),露地栽培面积 33.2 万公顷,但每年的 12 月至翌年 4 月蔬菜自供量不足 50%。笔者提出如下建议。

(一)蔬菜应用生物技术成果产量翻番方案

河南省农业厅要求,今后蔬菜栽培面积稳定在 173.3 万～180 万公顷。笔者认为,决策正确,但要使产量提高 1 倍,需做好以下两方面的工作。

1. 支持创建一批鸟翼形长后坡矮北墙生态温室 即温室跨度 8.2～9 米、高度 3 米,后墙高 1.2 米,后屋深 1.3 米,后坡长 1.8 米,墙厚下端 1 米、上端 0.8 米,方位正南偏西 5°～7°,南沿内切角 30°(地面距棚南缘 1 米处)。在不加温的情况下,可栽培各种越冬蔬菜,主要生产供应 12 月至翌年 4 月吃菜问题。此温室 2009 年获国家实用新型专利技术,特点是投入成本低、土地利用率高、升温快、受光面大、昼夜温差适中、便于通风、易高产优质。

2. 应用生物集成技术 即有机质碳素肥(每千克干秸秆供产 5 千克果菜、10 千克叶菜;畜禽粪按含水量和杂质酌情投入,一般每千克按产果菜 2.5～3 千克、叶菜 5～6 千克投入)+童忆地力旺益生菌液(温室每 667 米² 备 15 千克,大棚、露地每 667 米² 备 5～7 千克,随水冲入田间,有机质利用率可提高 2～3 倍,产量较常规技术翻番)+50% 天然矿物硫酸钾(按每 100 千克产果菜 8 000～10 000 千克、产叶菜 1.3 万～1.6 万千克投入)+植物诱导剂(每 667 米² 备 100 克,800 倍液叶面喷洒或灌根,光合效率可提高 0.5～4.9 倍,产量比对照可提高 0.5～2 倍,且作物病害不会大发生而造成减产),所生产产品属有机食品。我们从两个试验点上发现,蔬菜作物存在叶繁茂,茎秆粗长,果少且小,营养生长过旺,生殖生长受抑而产量低的问题。增施有机质碳素肥和天然矿物硫酸钾,叶面喷植物诱导剂控秧促果,即可大幅度增产。

(二)粮食产量、品质和效益提高方案

1. 秸秆还田应用有益菌肥增产 秸秆还田若不用有益菌肥处理存在两个问题:一是用种量多 15%～20%,因秸秆不能及早完全分化,土壤孔隙度大,出苗率低,越冬易死苗,或出现弱苗。二是碳素营养不能在冬前充分起作用,小麦有效穗数低 10%～30%。而在种麦前后每 667 米^2 冲入 2 千克童忆地力旺益生菌液,不仅鲜秸秆在 5～7 天内、干秸秆在 15 天左右分解,有益菌还可大量利用空气中的二氧化碳和氮,土壤矿质营养有效利用率提高 0.1～5 倍,碳、钾以外的营养元素均可满足供应。小麦秸秆还田施用有益菌肥不仅能减少播种量,还能促进分蘖有效穗,减少病虫害,平均每 667 米^2 产量可提高 50 千克以上。

2013 年秋,河南省唐河县用有益菌,每 667 米^2 冲入童忆地力旺益生菌液 2 千克,选用 14 个小麦品种,种植 533.3 公顷。2014年 5 月 15 日测产,每 667 米^2 产量可达 650 千克,较 2013 年采用常规技术每 667 米^2 产量 420 千克增产 54.8%,较当年干旱气候条件采用常规技术增产 1 倍左右。

2. 增施钾肥和使用植物诱导剂增产 据笔者调查,河南小麦主产区土壤含钾量在 90～110 毫克/千克,土壤有机质在 1.2% 左右。作物高产要求含钾量为 240 毫克/千克。每千克钾可供产粮食 3 千克,每千克干秸秆在有益菌的作用下可生产小麦 0.5 千克,所以河南小麦注重施钾肥和碳素肥,产量提高还有空间。另外,植物诱导剂能提高作物叶片光合效率 0.5～4.91 倍,每 667 米^2 备50 克原粉用 500 毫升沸水冲开,放 1～2 天,按 800 倍液在越冬前叶面喷洒或拌种,可使作物根系增加 70% 左右,矮化茎秆,提高抗逆性。

目前,各级领导都在寻找农作物产量翻番的技术和食品安全生产的方法,加快构建新型农业经营体系,而出台当地生态生物农业发展战略规划或方案,利用有机农业优质高效栽培技术,发展新型现代化农业是一个有效捷径。

四、贵州省六盘水市主要农作物应用生物集成技术产量翻番方案

本方案由山西省新绛县人大常委会马新立制定。

2013年3月1～4日,笔者受贵州省六盘水市委办公室同志邀请,与光立虎同行考察并帮助该市农业开发科技扶贫事宜。

(一)环境条件

六盘水市地面绿色覆盖面积达94%,一般海拔500～1700米,极端高峰海拔达2100米,山包绿野,十分养眼慰心。年最低气温-2℃,最高气温26℃,冬季有点凉爽,夏季没有酷热。空气湿度适宜。

贵州六盘水人均土地447米^2,但山上中药材很多,如板蓝根、杜仲、天麻、田七、半夏,贵州"三宝"就出此地。到处都设有野菜餐馆或中药养生馆。

六盘水市农业委员会副主任胡光汝说:我们发展核桃、猕猴桃、刺梨、茶叶、蔬菜、油菜籽、水稻、大樱桃,环境好、产量低,我们承认技术落后,比如大樱桃长树长叶不长果。笔者建议:一是用有益菌,提高有机质利用率,就能多长果。二是施用天然矿物硫酸钾,因化验证明,六盘水的土壤中含钾只有23.3毫克/千克,高产长果土壤需240毫克/千克浓度。三是用植物诱导剂喷叶,控徒长,提高叶面光合效率就能长出优质果。

由贵州山青水秀农业开发有限公司牵头组建的有机农业研发

中心,承揽一批农业扶贫项目,利用该地的生态环境和生物集成技术,构建新型农业经营体系来开发农业食品,将会解决农业收入翻番和食品安全生产供应双重问题。

(二)产业发展规划

为了推动产业化发展步伐,切实保障农民持续稳步增收,全市十大增收工程的九大产业发展框架,提出12 586公顷的产业基地建设,分别为蔬菜基地1 333公顷,核桃基地3 333公顷,茶叶基地1 667公顷,油茶基地1 333公顷,猕猴桃基地1 667公顷,魔芋基地1 333公顷,马铃薯基地1 333公顷,中药材基地587公顷。各产业情况如下:

1. 蔬菜　基地分布在郎岱、龙场、岩脚、新华、毛口、大用、木岗7个乡镇。目前,主要栽培的时鲜蔬菜有番茄、辣椒、茄子、黄瓜、白菜、毛豆、莴苣、生姜、大蒜、胡萝卜、西瓜等。

2. 核桃　基地分布在箐口、新场、堕却、新窑、郎岱、中寨、折溪7个乡镇。已完成1 720公顷。

3. 茶叶　基地分布在折溪、新窑、洒志、龙场、新场5个乡。已完成273公顷。由贵林省六枝特区茶叶开发公司育苗,育有龙井43、乌牛早、福鼎大白、黔湄419、龙井长叶等品种,目前已落实新植茶园1 333公顷。今后几年,将按照建成1个667公顷以上茶叶专业村,5个667公顷以上、3个1 333公顷以上产茶乡镇目标,落实茶产业发展规划。

4. 油茶　基地分布在陇脚、郎岱、中寨、新场、新窑、堕却、平寨、大用、岩脚、新华10个乡镇。目前,在陇脚乡已完成约233公顷。引进盘县康之源农民专业合作社等单位在特区育苗。

5. 猕猴桃　猕猴桃基地建设安排在折溪、洒志、木岗、陇脚、毛口、郎岱、落别、大用、中寨、平寨10个乡镇。引进红心猕猴桃苗在郎岱镇种植67公顷。引进六枝特区东方园艺公司、六枝特区戈厂林果园农民专业合作社在郎岱镇和戈厂林场建设猕猴桃苗圃基地 5 公顷,选育品种为红阳猕猴桃,嫁接成活率达 90％以上,可出圃苗木 280 万株,可移栽面积 1 733 公顷。通过引进外地客商投资注册的黔浙公司,计划种植猕猴桃 1 333 公顷,已落实种植 333 公顷。

6. 中药材　基地建设农民专业合作社组织实施,分布在岩脚、牛场、新窑、毛口、中寨、平寨、郎岱、堕却、龙场等乡镇。目前,已种植中药材 3 400 公顷。主要种植有太子参、金银花、桔梗、黄柏、半夏、皂荚、观音草、厚朴等品种。

7. 魔芋　基地由宜枝魔芋生物科技有限公司组织实施,涉及中寨、郎岱、岩脚、堕却、折溪、箐口 6 个乡镇;计划今年种植 1 333 公顷,其中,核心示范田为 467 公顷(郎岱 133 公顷,岩脚 67 公顷,堕却 200 公顷,折溪 67 公顷),已种植 573 公顷。

8. 马铃薯　基地安排在 4 个乡镇,共调种 490 吨,其中,堕却乡 300 吨,新场乡 50 吨,新华乡 80 吨,毛口乡 60 吨,主要品种有威芋 3 号等。已种植 1 333 公顷。

笔者到六枝特区对山青水秀农业开发公司员工进行技术培训,提出一套提高土壤钾含量的方案。将在山青水秀农业开发公司实施种植的 33 公顷土地上,选择 30 多个作物品种,采用有机农业优质高效栽培技术,保守估计作物产量比常规种植增加 0.5～2倍。目前,公司已获得南京国环有机产品认证中心颁发的有机食品认证证书,认证该公司所生产的蔬菜有机食品。随着有机农业优质高效栽培技术在六枝特区的推广应用,以贵州山青水秀农业开发公司为龙头的特色种植区,其独具特色的有机农业将助推贵州农业产业化大发展。

农业产业化离不开土地的支撑,为支持有机农业优质高效栽培技术进程,六枝特区共流转土地 1 万公顷发展优质茶叶,流转土地 667 公顷发展本地繁优品种车厘子。2014 年拟投入支农资金

3 000 万元,全部用于有机农业产业化发展。

　　在优惠政策支持下,不少农业产业公司纷纷到六枝特区投资农业产业,进驻六枝特区的农业产业公司目前有近 40 家,带动了六枝特区的精品水果业、花卉苗木业、休闲观光农业、优质茶产业等的发展。而贵州山青水秀农业开发公司则将借力有机农业优质高效栽培技术,在精品蔬菜种植方面大显身手。

第五章　有机粮棉油茶田间栽培方法

一、有机小麦田间栽培方法

根据现代农业生产的需求,山西省新绛县小李村宏彤有机小麦合作社自主研发的"有机小麦田间栽培方法",每 667 米² 产量 650～1 000 千克,具有降低生产成本、提高有机肥利用率、作物适应能力强、净化环境、生产优质农产品、增加收入、减轻劳动强度和保证食品安全等优势。

本标准由山西省新绛县小李村宏彤有机小麦合作社制定。

本标准起草单位:新绛县小李村宏彤有机小麦合作社、新绛县科学技术协会、中国超级小麦山西联合试验站。

本标准起草人:马新立、马怀柱、蔡平、陈德喜。

(一)范　围

本标准规定了有机小麦茬口安排、品种选择、五大要素筹备及用量、栽培管理技术等主要指标,适用于全国各地有机小麦栽培。本标准较常规栽培技术,生产成本降低,产量提高。

(二)规范性引用文件

下列文件中的条款,只证明本技术相关认证及奖励时间、名称、奖励项目等情况。

2013 年 6 月 26 日,"有机农业优质高效栽培技术"获科学技术成果鉴定证书,晋科鉴字〔2013〕第 186 号。

2013 年 1 月 23 日,"一种开发高效有机农作物种植的技术集成方法"获国家发明专利,专利号:201205637835。

(三)技术核心

五要素集成技术:有机质碳素肥＋有益菌肥＋植物诱导剂＋天然矿物硫酸钾或赛众土壤调理剂＋植物修复素。

(四)安全要求

五要素必须整合配套到位。大气符合环境空气质量 GB 3095－1996 二级标准和 GB 9137－88 标准规定要求,水质符合农田灌溉水质标准 GB 5084－2005 规定,土壤符合土壤环境质量 GB 15618－1995 二级标准要求,小麦生产基地环境符合有机食品生产要求。生产中应掌握土、肥、水、种、密、气、光、温、菌、地上部与地下部、营养生长与生殖生长、设施等 12 项平衡管理技术。

(五)栽培技术要点

1. 备　肥

(1)有机肥　按每 667 米² 1 000 千克小麦产量投入有机肥。干秸秆中含碳 45％,鸡粪、牛粪中含碳 20％,每千克干秸秆在有益菌的作用下,可产 0.5 千克小麦,每千克鸡粪、牛粪可产 0.25 千克小麦,那么投入干秸秆 2 000 千克或鸡粪、牛粪 5 000 千克,即可满足 1 600 千克小麦产量的碳素供应。以 3 种碳素肥结合使用为好。

(2)生物菌　有机肥施入田间后,每 667 米² 随水冲施童忆地力旺益生菌液 2 千克,可分解保护有机肥中养分,平衡土壤植物营养,防止病害;使害虫不能产生脱皮素而窒息死亡;能使根系直接吸收利用碳、氢、氧、氮等营养,提高有机肥利用率 3 倍,产量也就提高 1～3 倍;并能化解和消除土壤残毒。

（3）钾肥　按产 100 千克小麦投入 3 千克纯钾计算，每 667 米² 小麦产量 1 000 千克，投入含量 50% 天然矿物硫酸钾 60 千克（如果该地区土壤含钾量在 200～300 毫克/千克，不需再补钾）。也可每 667 米² 施赛众土壤调理剂 25～50 千克（含钾 8%～21%）

（4）光照　植物对太阳光利用率一般为 1%，瞬间大于 6%～7%，在晋、冀、鲁、豫南部小麦、玉米生产区，用植物诱导剂拌种，或苗期用植物诱导剂 800 倍液喷洒叶面，太阳光能利用率可提高 0.5～4 倍。同时，能控制植株徒长，提高籽粒饱满度。

2. 选种　可选择超大穗小麦、良星 66、鲁源 502、衡观 136 等品种，每 667 米² 栽植 40 万株左右，品质优良。

3. 播种　选用良星 66 和矮早 8 号品种，于 10 月 25 日播种，用童忆地力旺益生菌原液拌种，每千克原液拌种 50 千克。小麦采用复播法播种，即先按 13 千克播入，再在播种沟内重播 7 千克，这样种子在田间分布均匀，土壤面积利用率高。出苗 15 天浇冬水，大约在 11 月初。清明前后，小麦在 15 厘米左右高时，叶面上喷植物诱导剂 1 800 倍液 1 次，每 667 米² 用原粉 20 克左右，用 200 毫升沸水冲开，放 1～2 天，对水 20 升。5 月 14 日叶面上再喷 1 次植物修复素，每 667 米² 用 1 粒，对水 15 升，可控秧，营养向籽粒转移。

每 667 米² 成穗达 45 万头，每穗平均 54 粒，较对照 42 粒多 28.6%；麦秆粗达 3.5 毫米，较对照 1.5 毫米粗 1 倍多；叶色浓绿，长势强，后劲足。6 月 18 日收获，在当年严重干旱的情况下，每 667 米² 产量达 600 千克。

4. 追肥浇水　不特别干旱不浇水，灌浆期每 667 米² 随浇水 1 次冲施童忆地力旺益生菌液 1 千克，1 次冲施天然矿物硫酸钾 25 千克。喷洒 1～2 次植物修复素可促进病虫害伤口愈合。

5. 田间管理　50% 天然矿物硫酸钾 100 千克可供产小麦干籽粒 1 660 千克。土壤含钾量低于 220 毫克/千克，在扬花至灌浆期酌情每 667 米² 冲入含量 50％天然矿物硫酸钾 30～50 千克。

在作物拔节初期,叶面喷洒 1 次植物诱导剂 800 倍液,即取原粉 50 克,用 500 毫升沸水冲开,放 1～2 天,对水 40 升叶面喷洒。促根,增加分蘖数,控秧徒长,使作物抗旱、抗热、抗冻,提高叶面光合强度 0.5～4 倍。

在灌浆期至成粒间,取植物修复素 1 粒和童忆地力旺益生菌液 100 克,对水 15 升叶面喷洒,控叶秆,促籽粒饱满度,防虫抑病。

麦田收获后不能放火烧茬,应在小麦收获后翻耕,小麦秸秆与土壤充分混匀,每 667 米² 浇施童忆地力旺益生菌液 2 千克。

(六)典型案例

案例 1　山西省新绛县北燕村段秋明,2013 年选用鲁源 502 小麦品种,每 667 米² 播 17.5 千克,基施赛众土壤调理剂 25 千克,童忆地力旺益生菌液 2 千克、植物诱导剂 50 克、天然矿物硫酸钾 20 千克。到 2014 年 6 月 16 日采收,每 667 米² 产量达 785 千克,较常规技术 388 千克的产量增产 1 倍多。

案例 2　河南省南阳市唐河县桐寨铺镇张付生,2013 年种植 0.8 公顷矮抗 58 小麦。10 月 16 日播种,每 667 米² 播 12.5 千克。与常规栽培不同的是,取 1 千克童忆地力旺益生菌液拌种 38 千克,麦苗 12 厘米高时叶面喷 1 次植物诱导剂,每袋 50 克原粉对水 40 升。到 2014 年 6 月收割,每 667 米² 产量达 606 千克,较常规技术 380 千克的产量增产 222 千克,且麦粒丰满,色泽光亮。

案例 3　山西省新绛县北燕村段春龙,2012 年 10 月 25 日播种,用童忆地力旺益生菌液 1 千克拌种 50 千克,基施赛众土壤调理剂 25 千克。2013 年 2 月 26 日经中国农业科学院梁鸣早教授观察,小麦叶片宽绿,分蘖率较对照高 50％左右,达 3～9 头,而对照为 1～4 头。返青后每 667 米² 叶面喷植物诱导剂 250 克(液体),对水 35 升,共浇 2 次水。到 6 月 8 日收获,每 667 米² 产量

630 千克,较常规技术 360 千克的产量增产 75%。

二、有机玉米田间栽培方法

根据现代农业生产的需求,山西省新绛县有机玉米高产攻关组自主研发的"有机玉米田间栽培方法",每 667 米² 产量 1 000～1 300 千克,具有降低生产成本、提高有机肥利用率、作物适应能力强、净化环境、生产优质农产品、增加收入、减轻劳动强度和保证食品安全等优势。

本标准由山西省新绛县有机玉米高产攻关组制定。

本标准起草单位:新绛县科学技术协会、中国超级小麦山西联合试验站。

本标准起草人:马新立、蔡平、陈德喜。

(一)范　围

本标准规定了有机玉米茬口安排、品种选择、五大要素筹备及用量、栽培管理技术等主要指标,适用于全国各地有机玉米栽培。本标准较常规栽培技术,生产成本降低,产量提高。

(二)规范性引用文件

下列文件中的条款,只证明本技术相关认证及奖励时间、名称、奖励项目等情况。

2013 年 6 月 26 日,"有机农业优质高效栽培技术"获科学技术成果鉴定证书,晋科鉴字[2013]第 186 号。

2013 年 1 月 23 日,"一种开发高效有机农作物种植的技术集成方法"获国家发明专利,专利号:201205637835。

（三）技术核心

五要素集成技术：有机质碳素肥＋有益菌肥＋植物诱导剂＋天然矿物硫酸钾或赛众土壤调理剂＋植物修复素。

（四）安全要求

五要素必须整合配套到位。大气符合环境空气质量 GB 3095－1996 二级标准和 GB 9137－88 标准规定要求，水质符合农田灌溉水质标准 GB 5084－2005 规定，土壤符合土壤环境质量 GB 15618－1995 二级标准要求，玉米生产基地环境符合有机食品生产要求。生产中应掌握土、肥、水、种、密、气、光、温、菌、地上部与地下部、营养生长与生殖生长、设施等 12 项平衡管理技术。

（五）栽培技术要点

1. 备　肥

（1）有机肥　按每 667 米² 1 000 千克玉米产量投入有机肥。干秸秆中含碳 45％，鸡粪、牛粪中含碳 20％，每千克干秸秆在有益菌的作用下，可产 0.5 千克玉米，每千克鸡粪、牛粪可产 0.25 千克玉米，那么投入干秸秆 2 000 千克或鸡粪、牛粪 5 000 千克，即可满足 1 000 千克玉米产量的碳素供应。以 3 种碳素肥结合使用为好。

（2）生物菌　有机肥施入田间后，每 667 米² 冲施童忆地力旺益生菌液 2 千克，可分解保护有机肥中养分，平衡土壤植物营养，防止病害；使害虫不能产生脱皮素而窒息死亡；能使根系直接吸收利用碳、氢、氧、氮等营养，提高有机肥利用率 3 倍，产量也就提高 1～3 倍；并能化解和消除土壤残毒。

（3）钾肥　按产 100 千克玉米投入 3 千克纯钾计算，每 667 米² 玉米产量 1 000 千克，投入含量 50％天然矿物硫酸钾 60 千克

（如果该地区土壤含钾量在 200～300 毫克/千克，不需再补钾）。也可每 667 米² 施赛众土壤调理剂 25～50 千克（含钾 8%～21%）。

（4）光照　植物对太阳光利用率一般为 1%，瞬间大于 6%～7%，在晋、冀、鲁、豫南部小麦、玉米生产区，用植物诱导剂拌种，或苗期用植物诱导剂 800 倍液喷洒叶面，太阳光能利用率可提高 0.5～4 倍。同时，能控制植株徒长，提高籽粒饱满度。

2. 选种　选用巡天 2008、中地 77 等长粒大穗型品种，每穗成盘达 18～22 排，每 667 米² 株数达 4 000～5 300 株，品质优良。

3. 播种　于 6 月 15 日前播种，用童忆地力旺益生菌原液拌种，每千克原液可拌种 50 千克。在玉米 15 厘米左右高时，叶面上喷植物诱导剂 800 倍液 2 次，每次每 667 米² 用原粉 20 克左右，用 200 毫升沸水冲开，放 1～2 天，对水 20 升。5 月 14 日叶面上再喷 1 次植物修复素，每 667 米² 用 1 粒，对水 15 升。每 667 米² 成穗达 5 000 个，每穗平均产量 230～400 克，叶色浓绿，长势强，后劲足。9 月 30 日收获，每 667 米² 玉米产量达 1 000 千克以上。

4. 追肥浇水　为了发挥生物有机菌肥繁殖增效作用，以保持土壤微生物多样性，每 667 米² 施童忆地力旺益生菌液 20 千克、赛众土壤调理剂 25 千克。玉米 3～5 叶幼苗期，喷施童忆地力旺益生菌液＋植物诱导剂＋植物修复素混合对水 45 升，叶面喷洒 1 次即可，可防治玉米幼苗期由灰飞虱传播相关病毒引发的粗缩病。玉米喇叭口期注意防治玉米螟（钻心虫）虫害，提高授粉结实率。

玉米生长不可缺水，灌浆期随浇水冲入童忆地力旺益生菌液 1～2 千克，另一次冲施天然矿物硫酸钾 25 千克。喷洒 1～2 次植物修复素，可促进病虫害伤口愈合。

5. 田间管理　含量 50% 天然矿物硫酸钾 100 千克可供产干籽粒 1 660 千克。土壤含钾量低于 220 毫克/千克，要在扬花至灌浆期前酌情冲施天然矿物硫酸钾。

在作物拔节初期,叶面喷洒 1 次植物诱导剂 800 倍液,即取原粉 50 克,用 500 毫升沸水冲开,放 1～2 天,对水 40 升叶面喷洒。可促根,增加分蘖数,控秧徒长,使作物抗旱、抗热、抗冻,提高叶面光合强度 0.5～4 倍。

在灌浆期至成粒间,取植物修复素 1 粒和童忆地力旺益生菌液 100 克,对水 15 升叶面喷洒,可控叶秆,促籽粒饱满度,防虫抑病。

(六)典型案例

案例 1　山西省新绛县北燕村朱梅,2013 年 5 月 20 日播种中玉 1 号玉米品种,基施赛众土壤调理剂 25 千克、生物有机肥 80 千克、有机复混肥 30 千克,玉米抽穗前每 667 米² 施童忆地力旺生物菌液 4 千克。种植夏秋茬玉米,每 667 米² 留苗 4 200 株。9 月 10 日收获,每 667 米² 产量 1 127 千克,比常规技术 600 千克的产量增产 88％。

案例 2　甘肃省临洮县八里铺镇上街村王治效,2009 年采用生物技术种植玉米。品种选用豫玉 22 号,每 667 米² 栽 3 500 株,秸秆还田,施童忆地力旺益生菌液 2 千克,用植物诱导剂 800 倍液 3 次。每 667 米² 产量为 1 140 千克,比常规技术的 740 千克增产 400 千克。

三、有机水稻田间栽培方法

根据现代农业生产的需求,广东省台山市森江农业科技有限公司自主研发的"有机水稻田间栽培方法",一茬每 667 米² 产量 900～1 000 千克,一年可种两茬,具有降低生产成本、提高有机肥利用率、作物适应能力强、净化环境、生产优质农产品、增加收入、减轻劳动强度和保证食品安全等优势。

本标准由广东省台山市森江农业科技有限公司制定。

本标准起草单位:新绛县西行庄立虎有机蔬菜专业合作社。

本标准起草人:马新立、光立虎、刘苏赞。

(一)范　围

本标准规定了有机水稻茬口安排、品种选择、五大要素筹备及用量、栽培管理技术等主要指标,适用于全国各地有机水稻栽培。本标准较常规栽培技术,生产成本降低,产量提高。

(二)规范性引用文件

下列文件中的条款,只证明本技术相关认证及奖励时间、名称、奖励项目等情况。

2013 年 6 月 26 日,“有机农业优质高效栽培技术”获科学技术成果鉴定证书,晋科鉴字[2013]第 186 号。

2013 年 1 月 23 日,“一种开发高效有机农作物种植的技术集成方法”获国家发明专利,专利号:201205637835。

(三)技术核心

五要素集成技术:有机质碳素肥＋有益菌肥＋植物诱导剂＋天然矿物硫酸钾或赛众土壤调理剂＋植物修复素。

(四)安全要求

五要素必须整合配套到位。大气符合环境空气质量 GB 3095－1996 二级标准和 GB 9137－88 标准规定要求,水质符合农田灌溉水质标准 GB 5084－2005 规定,土壤符合土壤环境质量 GB 15618－1995 二级标准要求,水稻生产基地环境符合有机食品生产要求。生产中应掌握土、肥、水、种、密、气、光、温、菌、地上部与地下部、营养生长与生殖生长、设施等 12 项平衡管理技术。

(五)栽培技术要点

1. 选种　选用适宜当地高产优质的品种。

2. 浸种　先将稻种日晒 1～2 天,用童忆地力旺益生菌液 100 克,对水 10 升,浸泡种子 24 小时消毒。晾干后取植物诱导剂原粉 50 克,用 500 毫升沸水冲开,放 24～48 小时,对水 3～4.5 升,将稻种放入溶液中,以淹没种子为准,可放种子 10～15 千克。浸泡的种子,播种量要减少 1/5～1/3,因分蘖率高。浸种后地面铺一层布晾干,不可日晒和光照,种子干燥后在 1～2 天内播种,以早为好。

3. 苗床管理　幼苗 2 叶 1 心时,用植物诱导剂 2 500 倍液叶面喷洒 1 次,半小时后用清水再喷 1 次。扬花和灌浆期,用植物修复素每粒对水 15 升,再加入童忆地力旺益生菌液 100 克,可防止稻瘟病和稻飞虱。

4. 插秧前的准备　每 667 米² 地施秸秆或稻壳 1 800 千克、鸡粪 300～500 千克、赛众土壤调理剂 25 千克、童忆地力旺益生菌液 2 千克,提前 15 天左右施入田间,让有机质充分沤制,形成海绵田。

5. 插秧　插秧时随水冲入童忆地力旺益生菌液 2 千克,或在插秧前每 667 米² 沟施童忆生物有机肥 80 千克。

6. 灌浆期　每 667 米² 冲入 50% 天然矿物硫酸钾 40～50 千克,满足产 600～800 千克稻谷的营养需求。

(六)典型案例

案例 1　广东省罗定市沈雪荣,2010 年按稻秆还田加施童忆有机肥 80 千克。生长期叶面喷 2 次童忆地力旺益生菌液 500 倍液。稻苗 15 厘米高时叶面喷施 1 次植物诱导剂 2 000 倍液,提高光合强度,控叶促根。灌浆期施 50% 天然矿物硫酸钾 50 千克,每

667 米²产量达 610 千克。

案例 2　内蒙古兴安盟乌兰哈达镇水稻生产基地,2006 年何吉苏等种植水稻,用植物诱导剂 800 倍液拌种,生长期用植物诱导剂 1 200～2 000 倍液喷洒叶面,水稻始终未染病毒病、红叶病和黑穗病,也无虫害。稻粒大,饱满,稻长,稻子出米率达 94％,而对照只有 60％～80％,增产 14％～34％。

四、有机谷子田间栽培方法

根据现代农业生产需求,山西沁州檀山皇小米发展有限公司自主研发的"有机谷子田间栽培方法",一茬每 667 米²产量 300～400 千克,具有降低生产成本、提高有机肥利用率、作物适应能力强、净化环境、生产优质农产品、增加收入、减轻劳动强度,保证食品安全等优势。

本标准由山西沁州檀山皇小米发展有限公司制定。

本标准起草单位:山西沁州檀山皇小米发展有限公司。

本标准起草人:马新立、刘珍平。

(一)范　围

本标准规定了有机谷子茬口安排、品种选择、五大要素筹备及用量、栽培管理技术等主要指标,适用于全国各地有机谷子栽培。本标准较常规栽培技术,生产成本降低,产量提高。

(二)规范性引用文件

下列文件中的条款,只证明本技术相关认证及奖励时间、名称、奖励项目等情况。

2013 年 6 月 26 日,"有机农业优质高效栽培技术"获科学技术成果鉴定证书,晋科鉴字[2013]第 186 号。

2013 年 1 月 23 日,"一种开发高效有机农作物种植的技术集成方法"获国家发明专利,专利号:201205637835。

(三)技术核心

五要素集成技术:有机质碳素肥＋有益菌肥＋植物诱导剂＋天然矿物硫酸钾或赛众土壤调理剂＋植物修复素。

(四)安全要求

五要素必须整合配套到位。大气符合环境空气质量 GB 3095－1996 二级标准和 GB 9137－88 标准规定要求。水质符合农田灌溉水质标准 GB 5084－2005 规定。土壤符合土壤环境质量 GB 15618－1995 二级标准要求,谷子生产基地环境符合有机食品生产要求。生产中应掌握土、肥、水、种、密、气、光、温、菌、地上部与地下部、营养生长与生殖生长、设施等 12 项平衡管理技术。

(五)栽培技术要点

1. 品种产域　谷子别称小米、粟,原产于中国北方黄河流域,是中国古代的主要粮食作物,所以夏代和商代属于"粟文化"。粟生长耐旱,品种繁多,俗称"粟有五彩",有白、红、黄、黑、橙、紫各种颜色的谷子,也有黏性谷子。中国最早的酒也是用谷子酿造的。粟适合在干旱而缺乏灌溉的地区生长。其茎、叶较坚硬,可以作饲料,一般只有牛、马、羊等大牲畜能消化。还有一种原产于非洲的御谷,称为"珍珠粟",我国南北一些省市都有栽培。

2. 整地施肥　深耕土壤,改良土壤结构,增强保水能力,加深耕层,利于谷子根系下扎,使植株生长健壮,从而提高产量。并施足基肥,一般以磷肥加农家肥加有益菌为主。

3. 种子处理　选用抗病优良品种,播种前进行种子处理,选择晴天及时晒种,用童忆地力旺益生菌液拌种,能驱避地下病虫,隔离病毒感染,不影响萌发吸胀功能,加强呼吸强度,提高种子发芽率和出苗率。

4. 补苗间苗 一般在谷子出苗后 2～3 片叶时进行查苗补种,5～6 片叶时进行间苗、定苗,并适时喷施童忆地力旺益生菌液,可有效防止地上水分不蒸发、苗体水分不蒸腾,隔绝病虫害,使幼苗健康成长。

5. 喷植物诱导剂促壮 苗期及时喷施植物诱导剂促进花芽分化,提高花粉受精质量;在开花前喷施植物修复素能强化谷子生理功能,提高受精、灌浆质量,增加千粒重,增加坐果率,使籽实饱满,达到产量提高。

6. 防治病虫害 谷子生长阶段易发生黑穗病、霜霉病、红蜘蛛等病虫害。

(1)病害防治 霜霉病用童忆地力旺益生菌 300 倍液配植物修复素 0.7 克预防,同时在管理上注意以下措施:一是幼苗期叶面喷植物诱导剂 1 200 倍液,增强植物抗热性和预防病毒病。二是每 667 米² 定植地块随水冲施童忆地力旺益生菌液 2 千克,可平衡营养,化虫。三是注重施秸秆、牛粪,少量鸡粪。四是叶面喷植物修复素或田间施赛众土壤调理剂或稻壳肥,利用其中硅元素避虫。五是选用耐低温弱光、耐热耐肥抗病品种。六是采取遮阳降温防干旱措施。

(2)虫害防治 一是常用童忆地力旺益生菌液,害虫接触有益菌自身不能产生脱壳素会窒息死亡,并能除臭化卵。二是叶面喷洒植物修复素可促进伤口愈合。三是田间施含硅肥避虫,如稻壳灰、赛众土壤调理剂等。四是室内挂黄板诱杀,棚南设防虫网。五是用麦麸 2.5 千克,炒香,拌敌百虫、醋、糖各 500 克,傍晚分几堆,下垫塑料膜,放在田间地头诱杀地下害虫。

五、有机紫甘薯田间栽培方法

根据现代农业生产需求,厦门美亚屋顶绿化有限公司自主研发的"有机紫甘薯田间栽培方法",一茬每 667 米^2 产量 3 000~4 000 千克,具有降低生产成本、提高有机肥利用率、作物适应能力强、净化环境、生产优质农产品、增加收入、减轻劳动强度和保证食品安全生产供应等优势。

本标准由厦门美亚屋顶绿化有限公司制定。

本标准起草单位:厦门美亚屋顶绿化有限公司。

本标准起草人:马新立、刘祥南。

(一)范 围

本标准规定了有机紫甘薯茬口安排、品种选择、五大要素筹备及用量、栽培管理技术流程等主要指标,适用于全国各地有机紫甘薯栽培。本标准较常规栽培技术,生产成本降低,产量提高。

(二)规范性引用文件

下列文件中的条款,只证明本技术相关认证及奖励时间、名称、奖励项目等情况。

2013 年 6 月 26 日,"有机农业优质高效栽培技术"获科学技术成果鉴定证书,晋科鉴字[2013]第 186 号。

2013 年 1 月 23 日,"一种开发高效有机农作物种植的技术集成方法"获国家发明专利,专利号:201205637835。

(三)技术核心

五要素集成技术:有机质碳素肥＋有益菌肥＋植物诱导剂＋天然矿物硫酸钾或赛众土壤调理剂＋植物修复素。

（四）安全要求

五要素必须整合配套到位。大气符合环境空气质量 GB 3095－1996 二级标准和 GB 9137－88 标准规定要求。水质符合农田灌溉水质标准 GB 5084－2005 标准规定。土壤符合土壤环境质量 GB 15618－1995 二级标准要求，紫甘薯生产基地环境符合有机食品生产要求。生产中应掌握土、肥、水、种、密、气、光、温、菌、地上部与地下部、营养生长与生殖生长、设施等 12 项平衡管理技术。

（五）管理技术要点

1. 选种 紫甘薯按用途可以分为鲜食型和加工型，选种时根据栽培的目的具体选择。鲜食型用途选择口感好、色素含量适中、抗病性强、薯形美观的品种，加工型用途选择色素含量高、抗病性强、干率高的品种。紫甘薯产品表皮光滑，个头均匀，上市时间比普通品种提早，适当控制紫甘薯重量，这样销路才会好。如果紫甘薯是用于提取紫色素，就要种紫色纯度高的；如果用于酿酒，就可选一些产量高的老品种。

2. 育苗 早育壮苗，形成既早又粗壮的不定根，成活快、结薯早而多。为了防止紫甘薯黑斑病等病害的发生，育苗前要严格把关，选择无伤痕、无病斑的种薯，可以用童忆地力旺益生菌液 300 倍液。

（1）准备苗床 育苗一般在 3 月中下旬晴天进行，选择背风向阳、地势高燥、土壤通透性好、富含有机质、管理方便的沙质土或沙壤土做苗床。苗床宽 1.2 米，深 20～30 厘米，长度视园地而定。每 667 米^2 施腐熟人粪尿 1 000～1 500 千克、童忆地力旺益生菌液 2 千克，土壤经处理后播种薯块。

（2）播种薯块 温度达到 15℃左右时，将紫甘薯种薯放在苗床上,一般每平方米用种薯 18 千克左右,背朝上,头部略高,尾部着泥,头尾方向一致,再每 667 米² 用腐熟圈肥 1 000~1 500 千克,均匀盖在种薯上面,上覆 1.5~2 厘米厚细土,然后覆盖地膜,四周用细土压实。

(3)苗床管理 出苗前晚上盖草苫,保持床温 25℃～35℃。出苗后控制在 20℃～25℃,防止高温灼苗,如膜内温度超过 30℃,要及时通风散热,防止烧苗。寒潮来临时要做好保温工作。种薯出苗前一般不浇水,以利高温催芽、防病和出苗。如苗床过干,可用喷雾器在苗床上喷童忆地力旺益生菌 100 倍液。当苗床土发白时要浇水,以促进薯苗生长。种薯萌发以后就要施肥。第一次"红芽"期,一般以施稀薄人粪尿、童忆地力旺益生菌 500 倍液为好;当苗高 10~13 厘米时,可进行第二次追肥。每次施肥后,都要用清水泼浇洗苗,防止肥料黏附幼苗而引起烧苗现象。苗高 10 厘米左右时,进行第一次培土,隔 1 周第二次培土,共培土 3~5 厘米厚。培土用肥沃疏松细土拌和焦泥灰或腐熟堆肥。

3. 土壤处理 紫甘薯对土壤适应性广,要达到高产以选择疏松肥沃、有机质较高的沙质土壤为宜。因紫甘薯块根伸长性强,块根膨大需要深厚疏松的土壤。要获得高产,须在春季解冻后深耕耙糖保墒,每 667 米² 用童忆地力旺益生菌液 2 千克对水喷洒于地面后深翻,以防治地下害虫。

4. 深耕做垄 紫甘薯以垄栽为佳,增厚土层,扩大根系活动范围,疏松土壤,表土与空气、阳光接触面大,利于气体交换和提高土温,增大昼夜温差,也便于排灌。做深沟大垄,以便排水和灌溉,垄面平滑,以利刨窝栽苗。保水力强的黏土,垄宜高宜窄;保水力差的沙土,垄宜宽稍矮。做垄的方式有单垄单行(垄距 60~70 厘米含沟,株距 20~25 厘米)、单垄双行(垄距 120 厘米含沟,株距25~30 厘米)等。

5. 地膜覆盖 紫甘薯生长期 170 天以上。适时早插及采用地膜覆盖栽培有利于提高鲜薯产量和淀粉含量,且提高品质。每667 米^{2}产量可达到 3 000 千克,单薯鲜重保持在 200 克以下,扦插密度 4 000~5 000 株/667 米^2。种植方式可以采用窄垄单排,即行距 50~60 厘米,株距 25~30 厘米,也可采用双垄双排,即垄宽 1~1.2 米,每垄扦插 2 排,株距 30~35 厘米。扦插方法以浅斜插为宜,结薯早,结薯多,薯块大小均匀,产量高,商品性好。

　　紫甘薯地膜覆盖后,土壤能更好地吸收和保存太阳辐射能,地面受光增温快,地温散失慢,起到保温作用。全生育期比对照增加土壤积温 460℃。可以减少土壤水分的蒸发,特别是春旱较重的地区,保墒效果更为理想。进入雨季,覆膜地块易于排水,不易产生涝害。遇后期干旱,覆膜又能起到保墒作用。土壤温度升高,湿度增大,微生物异常活跃,促进了有机质和潜在腐殖质的分解,加速了营养物质的积累和转化。土壤表面不受雨水冲击,故土壤始终保持疏松,既有利于前期苗根生长,又有利于后期薯块膨大。同时,膜下高温可烫死杂草,减少除草用工,避免杂草与甘薯争夺肥水和空间等。促进甘薯根、茎、叶的发育:覆膜比露地栽培的甘薯发根早 4~6 天,根系生长快,强大的根系可以从土壤中吸取更多的养分,为植株健壮生长和薯块形成、膨大奠定了基础。甘薯的分枝数、叶片数、茎长度、茎叶鲜重均比露地栽培增加 50%以上。

　　薯块平均单株产量比对照多 0.7 千克左右,总产量提高32.6%,并提高了大薯比率和淀粉含量。覆膜栽培的土壤疏松,易于收获,并降低了收获破损率。先把苗放入穴内,逐穴浇童忆地旺益生菌液,每 667 米^{2}用 2 千克,浇水量要大,待水渗完稍晾后埋土压实。盖膜后用小刀对准栽苗处割一个"T"字形口,用手指把苗放出来,然后用湿土把口封严。另一种方法是先覆膜后栽苗,在栽苗时将膜垄面划出长 5~7 厘米、深 5 厘米的土沟,将薯苗插于沟中,破膜、挖埯、栽苗一次完成。

　　6. 施肥　每 667 米^{2}鲜薯产量 3 500 千克,施 1 500~2 000 千

克有机肥加童忆地力旺益生菌液 2 千克,或童忆生物有机肥 40～50 千克,加天然矿物硫酸钾 30～40 千克,采用破垄条施。

7. 田间管理 前期是查苗补苗,后 10～15 天结合追肥,进行第一次中耕。在肥水条件较好、长势旺的地块将薯苗摘顶,以促进茎基部分枝,以利多结薯、结大薯。中后期一般小草生长受到抑制,主要拔除高秆杂草,一般不要翻蔓,个别藤蔓接地生根不会影响产量,适当的提蔓就可以了。

中后期藤蔓生长已经成形,可控制生长,用植物诱导剂 600～800 倍液喷洒叶面控秧,能增加根系 0.7～1 倍,矮化植物,营养向果实积累。因根系发达,吸收和平衡营养能力强,且果实丰满漂亮。作物过于矮化,可用植物诱导剂 2 000 倍液喷洒叶面缓解症状。取 50 克植物诱导剂原粉,放入瓷盆或塑料盆,勿用金属盆,用500 毫升沸水冲开,放 24～48 小时,对水 30～40 升,灌根或叶面喷施。理想的藤蔓结构是大部分分枝直立或半直立,尽量减少接地藤蔓比例,提高冠层高度,保证有良好透气,从上部观察能看到5％的地面。

如果藤蔓生长缓慢,能看到 10％以上地面,藤蔓短,叶片小,在收获前 40～60 天可随水冲施童忆地力旺益生菌液 2 千克、天然矿物硫酸钾 22 千克。

8. 病虫害防治 根腐病又称甘薯烂根病,根系染病形成黑褐色斑,后变成黑色腐烂,叶片染病呈现萎蔫状,枯黄、脱落。薯块染病,呈褐色至黑褐色病斑形成畸形薯,用生物菌 300 倍液配植物修复素 0.7 克预防,同时在管理上注意以下 6 条措施。一是幼苗期叶面喷植物诱导剂 1 200 倍液,增强植物抗热性和预防根抗病毒病。二是每 667 米² 定植地块随水冲施童忆地力旺益生菌液 2 千克,可平衡营养,化虫。三是注重施秸秆、牛粪,少量鸡粪。四是叶面喷植物修复素或田间施赛众土壤调理剂或稻壳肥,利用其中硅元素避虫。五是选用耐低温弱光、耐热耐肥抗病品种。六是遮阳降温防干旱。

小象甲成虫啃食甘薯幼芽、茎蔓和叶柄皮层并咬食块根呈小孔,严重影响产量,用童忆地力旺益生菌液防治根结线虫情况是:定植前每 667 米^2 用童忆地力旺益生菌液 5 千克对水 50 升喷施土壤,根结线虫减退 60.7%,防效达 66.8%;定植时用童忆地力旺益生菌液 0.2 千克对水 5 升蘸根,根结线虫减退 78.2%,防效达84.5%;定植后每 667 米^2 用童忆地力旺益生菌液 5 千克对水 50升喷施茎叶,根结线虫减退 89.9%,防效达 93.9%。因此,以定植后施用有益菌效果为好。另外,根结线虫危害严重的温室,用玉米粉 20 千克、麦麸 10 千克、谷糠 30 千克,混合后加有益菌可化解虫卵,防治效果也佳。

9. 贮藏 作种紫甘薯要求在 10 月中下旬收获,鲜食型紫甘薯延迟到 11 月上旬收获,必须在降霜前收完。

贮藏前要清理薯窖,铲除表土与消毒;入窖前紫甘薯先晒 1~2 天,使伤口愈合;贮藏期间,前期注意通风降湿,后期注意保温保湿。

六、有机大豆田间栽培方法

根据现代农业生产需求,山东省成武县曹州绿农技站自主研发的"有机大豆田间栽培方法",一茬每 667 米^2 产量 300~400 千克,具有降低生产成本、提高有机肥利用率、作物适应能力强、净化环境、生产优质农产品、增加收入、减轻劳动强度和保证食品安全等优势。

本标准由山东省成武县曹州绿农技站制定。

本标准起草单位:山东省成武县曹州绿农技站。

本标准起草人:马新立、刘金海。

（一）范　围

本标准规定了有机大豆茬口安排、品种选择、五大要素筹备及用量、栽培管理技术等主要指标,适用于全国各地有机大豆栽培。本标准较常规栽培技术,生产成本降低,产量提高。

（二）规范性引用文件

下列文件中的条款,只证明本技术相关认证及奖励时间、名称、奖励项目等情况。

2013 年 6 月 26 日,"有机农业优质高效栽培技术"获科学技术成果鉴定证书,晋科鉴字[2013]第 186 号。

2013 年 1 月 23 日,"一种开发高效有机农作物种植的技术集成方法"获国家发明专利,专利号:201205637835。

（三）技术核心

五要素集成技术:有机质碳素肥＋有益菌肥＋植物诱导剂＋天然矿物硫酸钾或赛众土壤调理剂＋植物修复素。

（四）安全要求

五要素必须整合配套到位。大气符合环境空气质量 GB 3095－1996 二级标准和 GB 9137－88 标准规定要求。水质符合农田灌溉水质标准 GB 5084－2005 规定。土壤符合土壤环境质量 GB 15618－1995 二级标准要求,大豆生产基地环境符合有机食品生产要求。生产中应掌握土、肥、水、种、密、气、光、温、菌、地上部与地下部、营养生长与生殖生长、设施等 12 项平衡管理技术。

（五）栽培技术要点

1. 品种选择与处理　选用增产潜力大、品质好的优质大豆品种,如合丰 35、绥农 14、黑农 33、豫豆 22 号、鲁豆 11 号、中黄 4 号等,要求种子发芽率 90% 以上,纯度 98% 以上。进行种子播前精选,剔除病种及杂质等,同时根据不同土壤环境与病虫害情况,可用植物诱导剂或有益菌等拌种,增强种子活力。山东省成武县刘岗村刘金海,2009 年种植大豆,用植物诱导剂拌种,即取植物诱导剂原粉 50 克,用 500 毫升沸水冲开,放 24 小时,对水至 2 升拌种。采用生物集成技术每 667 米² 大豆产量为 320 千克,比对照 180 千克增产 140 千克。

2. 合理耕作整地 大豆可与玉米、小麦等轮作,黄淮海及南方产区一般与小麦等轮作,尽量秸秆还田,以培肥地力。整地以深松为原则,东北大豆主产区采用深松旋耕机进行深松耙茬,增强土壤通透性与抗旱耐涝能力,耕翻深度 20 厘米左右。垄作大豆整地要与起垄相结合,做到垄体垄沟深松。

3. 机械化精量播种 东北春大豆产区 4 月下旬至 5 月上旬开始播种,黄淮海大豆产区 6 月上中旬播种,地膜大豆可适当提前播种。东北地区利用大豆播种机进行等距精量点播,使植株分布均匀,播种深度 3～5 厘米。垄作大豆采取窄行密植技术,一般 60 厘米小垄种 2 行,90～105 厘米大垄种 4 行,小行距 12 厘米左右,每 667 米² 栽植密度加大到 2.5 万～3 万株,增产 15%～20%。

4. 科学施肥 实行科学施肥方法,根据不同土壤肥力情况和当地自然气候条件,经过化验与计算,确定施肥施用时间与用量。一般采取分层深施,即基肥施在垄下 16～18 厘米处,用量约占总施肥量的 60%;种肥施在种下 4 厘米处,用量约占总施肥量的 40%。另外,在始花期至终花期可根据长势进行叶面喷施。这样就满足了大豆在不同生育期对肥料的需求,提高了肥料利用率。

七、有机棉花田间栽培方法

根据现代农业生产的需求,新疆阿克苏农一师一团自主研发的"有机棉花田间栽培方法",一茬每 667 米² 籽棉产量 400 千克,具有降低生产成本、提高有机肥利用率、作物适应能力强、净化环境、生产优质农产品、增加收入、减轻劳动强度和保证食品安全等优势。

本标准由新疆阿克苏农一师一团制定。

本标准起草单位:新疆阿克苏农一师一团。

本标准起草人:马新立、白艳丽。

(一)范　围

本标准规定了有机棉花茬口安排、品种选择、五大要素筹备及用量、栽培管理技术等主要指标,适用于全国各地有机棉花栽培。本标准较常规栽培技术,生产成本降低,产量提高。

(二)规范性引用文件

下列文件中的条款,只证明本技术相关认证及奖励时间、名称、奖励项目等情况。

2013 年 6 月 26 日,"有机农业优质高效栽培技术"获科学技术成果鉴定证书,晋科鉴字[2013]第 186 号。

2013 年 1 月 23 日,"一种开发高效有机农作物种植的技术集成方法"获国家发明专利,专利号:201205637835。

(三)技术核心

五要素集成技术:有机质碳素肥＋有益菌肥＋植物诱导剂＋天然矿物硫酸钾或赛众土壤调理剂＋植物修复素。

(四)安全要求

五要素必须整合配套到位。大气符合环境空气质量 GB 3095−1996 二级标准和 GB 9137−88 标准规定要求。水质符合农田灌溉水质标准 GB 5084−2005 规定。土壤符合土壤环境质量 GB 15618−1995 二级标准要求,棉花生产基地环境符合有机食品生产要求。生产中应掌握土、肥、水、种、密、气、光、温、菌、地上部与地下部、营养生长与生殖生长、设施等 12 项平衡管理技术。

(五)管理技术要点

2013 年新疆阿克苏农一师一团白艳丽用生物技术使棉花产量翻番,4 月中旬播种棉花 2.7 公顷,按每 667 米^2 籽棉产量 600 千克其投入方案如下。

每 667 米^2 基施稻壳、玉米干秸秆 1 300～1 500 千克,拌鸡粪、牛粪各 300 千克,合每 667 米^2 投有机肥 1 900～2 100 千克,因土壤的缓冲作用,有机质碳素肥需多投 300～500 千克。

幼苗期随水每 667 米^2 冲施童忆地力旺益生菌液 2 千克。棉花长桃期随水每 667 米^2 施 50％天然矿物硫酸钾 40～50 千克,施赛众土壤调理剂 25 千克平衡营养。如果当地当季土壤含钾在 240 毫克/千克以上,不再补钾。定植时每 667 米^2 随水冲施菌液 2 千克,可改善棉花根际环境,提高有机营养利用率 3 倍左右。

植物诱导剂用法。取原粉 50 克,用沸水冲开,放 48 小时,对水 50～60 升,在幼苗 4～5 叶时叶面喷洒 1 次,每 667 米^2 用原粉 15～20 千克。定植时用植物诱导剂 800 倍液灌根 1 次,每 667 米^2 用原粉 50～75 克。棉花植株使用植物诱导剂,可增加根系 70％以上,提高叶片光合速率,控制茎秆徒长。棉花枝多,棉桃多、个大,抗病虫。

植物修复素用法。掐尖打顶后,棉桃膨大期,按植物修复素 1

粒对水 15～30 升。叶面喷 1～2 次，能激活叶片沉睡的细胞，打破顶端生长优势，使叶片营养向棉桃里转移，促炸桃，早收获。

(六)典型案例

施肥方案 1　2012 年，新疆阿克苏农一师一团白艳丽，每 667 米² 籽棉产量 400 千克。其投入方案是：基施含氮 18％、磷 10％、钾 20％的复合肥 50 千克，追施氮钾肥 30 千克，叶面喷营养液 2～3 次。

施肥方案 2　2012 年陕西省大荔县杨西海选用国欣 4 号品种，每 667 米² 用童忆地力旺益生菌液 2 千克、赛众土壤调理剂 25 千克。蕾铃期每 667 米² 用童忆地力旺益生菌 2 千克和 45％天然矿物硫酸钾 15 千克，每 667 米² 籽棉产量 413 千克。

以上两种施肥方案产量差 13 千克，显然后者硅的避虫、钾的增产和微量元素在其中起重要作用。棉花生产对有机产品要求不严格，但就从有机营养高产理论来指导生产仍显得十分重要。

八、有机油菜籽田间栽培方法

根据现代农业生产需求，贵州山青水秀农业开发有限公司自主研发的"有机油菜籽田间栽培方法"，一茬每 667 米² 产量 300～350 千克，具有降低生产成本、提高有机肥利用率、作物适应能力强、净化环境、生产优质农产品、增加收入、减轻劳动强度和保证食品安全等优势。

本标准由贵州山青水秀农业开发有限公司制定。

本标准起草单位：贵州山青水秀农业开发有限公司。

本标准起草人：马新立、杨华川。

(一)范　围

本标准规定了有机油菜籽茬口安排、品种选择、五大要素筹备及用量、栽培管理技术等主要指标,适用于全国各地有机油菜籽栽培。本标准较常规栽培技术,生产成本降低,产量提高。

(二)规范性引用文件

下列文件中的条款,只证明本技术相关认证及奖励时间、名称、奖励项目等情况。

2013 年 6 月 26 日,"有机农业优质高效栽培技术"获科学技术成果鉴定证书,晋科鉴字〔2013〕第 186 号。

2013 年 1 月 23 日,"一种开发高效有机农作物种植的技术集成方法"获国家发明专利,专利号:201205637835。

(三)技术核心

五要素集成技术:有机质碳素肥+有益菌肥+植物诱导剂+天然矿物硫酸钾或赛众土壤调理剂+植物修复素。

(四)安全要求

五要素必须整合配套到位。大气符合环境空气质量 GB 3095—1996 二级标准和 GB 9137—88 标准规定要求。水质符合农田灌溉水质标准 GB 5084—2005 规定。土壤符合土壤环境质量 GB 15618—1995 二级标准要求,油菜籽生产基地环境符合有机食品生产要求。生产中应掌握土、肥、水、种、密、气、光、温、菌、地上部与地下部、营养生长与生殖生长、设施等 12 项平衡管理技术。

(五)栽培技术要点

1. 品种选择 选择"三高三低"品种,即含油量高、油酸及亚油酸含量高、蛋白质含量高;芥酸、亚麻酸、硫苷含量低。福建地区宜选用闽杂油 6 号;安徽地区主选皖油 22 号、德油 6 号、油研 7

号;湖北地区多选用中双 6 号、中双 7 号、华杂 4 号、中油杂 2 号、中油杂 4 号等,直播品种为中双 9 号、华油杂 6 号和华油杂 10 号。

2. 连片种植　一个品种种植一片或一个区域,以防止品种间互相授粉杂乱,保持优良种性,便于单打单收,防止不良串粉。

3. 适期育苗　苗床宽 1.3 米,沟深 15～18 厘米,施牛粪、土杂肥拌细阳土 1:2,喷洒童忆地力旺益生菌 500 倍液消毒,浇 4 厘米左右深水。待水渗完时,撒一层细土,使畦面积水处赶平,撒籽覆土,盖薄膜。

每 100 米² 左右苗床可供 667 米² 地块栽苗,每 667 米² 播种子 0.5 千克,以稀播为好,苗龄 35 天左右。

油菜苗 3 叶 1 心时,叶面喷植物诱导剂 1 200 倍液 1 次,即取原粉 50 克,用 500 毫升沸水冲开,放 24～48 小时,对水 60 升,可喷 1 334～2 668 米² 苗圃,能控秧促根,提高油菜秧抗逆性,培育矮壮苗,防止高脚秧。及时疏苗,防止"堆子苗",定植时苗高控制在 7～9 厘米为准。

4. 施肥　每 667 米² 产 300 千克油菜籽,需施干秸秆、稻壳、干杂草 1 000 千克,在有益菌作用下,每千克有机质碳素可供产油菜 0.5 千克,因土壤缓冲作用有机质碳素肥要多施 30% 左右。施 50% 天然矿物硫酸钾 10 千克左右,每千克可供产油菜籽 33 千克,若土壤中含碳、钾丰富,可适当少施,以降低成本。由于有益菌的作用,在有机肥充足的情况下,一般不再施其他中微量元素,产品可达到有机食品油料标准。

5. 适时稀植　安徽省无为县在 9 月中旬前后栽秧;福建省莆田市在 10 月中旬至 11 月上旬定植,苗体达 6～7 片叶、20～23 厘米高时,提前 1 天浇或喷施有益菌,起苗。可适当伤些毛细根,能打开植物次生代谢功能,缓苗快。大小苗分级栽,剔除弱细苗,淘汰深红色不育苗。肥力高的地块每 667 米² 栽 6 000～8 000 株,肥力差者栽 1 万株左右。弱小苗可多浇 1 次童忆地力旺益生菌液促长,即每 667 米² 随水冲入 2 千克为赶苗水。以适当早播早栽大苗为好,便于及早通过春化阶段,早开花结籽,早分枝多结籽。徒长秧或冬前叶面喷植物诱导剂 800 倍液 1 次,可提高叶片光合效率,控叶促根,促分枝量,提高越冬抗逆性。

6. 越冬前管理 随水冲入童忆地力旺益生菌液 1～2 千克,充分分解田间有机肥,提高地温 1℃～2℃,防止地裂缝死秧。有害虫时,叶面喷童忆地力旺益生菌 300 倍液,使蚜虫、菜青虫不能产生脱壳素窒息而死;同时以菌克菌,防治低温引起的菌核病而导致烂秧。

每 667 米² 随水冲入硼砂 0.5 千克,用 40℃温水化开,可防止皱叶和翌年花蕾不饱满。开花期叶面喷 1～2 次植物修复素,每粒 0.6 克对水 14～28 升,可打破植物顶端生长优势,使叶片沉睡的细胞激活,控制蔓秧生长,营养向籽粒转移,防止秧秆因干热风减产,可提高产量 50% 以上。

7. 适时收获 完全人工收获应在油菜蜡熟期进行,摊晒 2～3 天脱粒,完全机械一次性收获应在黄熟期进行。

九、有机茶叶田间栽培方法

根据现代农业生产需求,贵州山青水秀农业开发有限公司自主研发的"有机茶叶田间栽培方法",一茬每 667 米² 产量 65 千克(常规栽培产量 36 千克),具有降低生产成本、提高有机肥利用率、作物适应能力强、净化环境、生产优质农产品、增加收入、减轻劳动强度、保证食品安全等优势。

本标准由贵州山青水秀农业开发有限公司制定。

本标准起草单位:贵州山青水秀农业开发有限公司。

本标准起草人:马新立、杨华川、李伟。

（一）范　围

本标准规定了有机茶叶茬口安排、品种选择、五大要素筹备及用量、栽培管理技术等主要指标，适用于全国各地有机茶叶栽培。本标准较常规栽培技术，生产成本降低，产量提高。

（二）规范性引用文件

下列文件中的条款，只证明本技术相关认证及奖励时间、名称、奖励项目等情况。

2013 年 6 月 26 日，"有机农业优质高效栽培技术"获科学技术成果鉴定证书，晋科鉴字[2013]第 186 号。

2013 年 1 月 23 日，"一种开发高效有机农作物种植的技术集成方法"获国家发明专利，专利号：201205637835。

（三）技术核心

五要素集成技术：有机质碳素肥＋有益菌肥＋植物诱导剂＋天然矿物硫酸钾或赛众土壤调理剂＋植物修复素。

（四）安全要求

五要素必须整合配套到位。大气符合环境空气质量 GB 3095－1996 二级标准和 GB 9137－88 标准规定要求。水质符合农田灌溉水质标准 GB 5084－2005 规定。土壤符合土壤环境质量 GB 15618－1995 二级标准要求，茶叶生产基地环境符合有机食品生产要求。生产中应掌握土、肥、水、种、密、气、光、温、菌、地上部与地下部、营养生长与生殖生长、设施等 12 项平衡管理技术。

（五）栽培技术要点

通常把海拔 600 米以上地区所产茶叶通称为高山茶。高山茶以其品质优、无污染、低残留等特点,正日益深入人心,成为广大消费者的首选茶叶饮品。

茶叶起源于我国云贵高原地带,在其系统发育过程中形成了喜阴好湿、喜漫射光的特性。高海拔地区植被茂盛、山高云雾多,因此湿度大,漫射光多,有近似其起源区生态特点,利于茶树生长发育。高山茶区一般土层深厚,土壤肥沃,有机质含量高,日夜温差大,利于茶树光合物质的积累转化,具备了制出好茶的鲜叶原料基础。但高山地区日照时数少,热量条件较差,茶树生长时间较短,易受霜冻危害,降雨量较大,易发生水土流失,有时夜温较低,不利乌龙茶制作。

1. 连片种植 有机茶叶是在无污染的自然环境条件下,按特定的操作规程生产,茶园应选择在远离污染源的丘陵或半山区,以免粉尘、废水、废气、废渣以及人类农事活动给茶叶带来污染。以土层深厚、有机质含量高、土体疏松、通透性好、呈酸性或微酸性反应(pH 值 4.5～6.5)的沙壤或黏壤为好。土壤中砷、汞、镉、铬、铜等有害重金属含量必须符合国家有机茶叶产地环境条件规定的标准。茶园要求相对集中成片,以便于集约化管理。

2. 施基肥 茶园长远规划要符合机械化、良种化、园林化、梯田化、水利化的要求。开垦 10°以下的平地,一般建立直行茶园;10°～20°的缓坡地,建立等高条植或宽幅梯层茶园;20°～25°的陡坡地,建立窄幅梯田茶园,但不小于 1.6 米,梯田要外高内低。采用双行双株种植,开挖种植沟深、宽各 50～60 厘米,两沟中心距离 1.5 米,开沟时注意表土、心土分别堆放,做到表土全部回沟。

每 667 米² 施农家肥 2 000～3 000 千克、饼肥 500 千克、童忆生物有机肥 40～80 千克、童忆地力旺益生菌液 2 千克。与表土拌匀后施入种植沟,以满足茶树长期生长发育的需要,促进根深叶茂、旺盛生长。根据气候情况,种植时期宜选在 1～3 月份,利于茶苗成活。采用双行双株种植间距为 30 厘米,呈"品"字形,栽

5 000～6 000株。移栽时,先用黄泥浆蘸根(带土移栽的不用蘸根),然后分级把茶苗分放在穴中,根系要舒展,一边分发一边种植。茶苗离基肥10厘米以上,种植后淋足定根水,然后在根部四周再撒上一层细土,有条件的可以铺草保湿,减少土壤水分蒸发。定植后1个月内要加强淋水,确保全苗壮苗,缺蔸的要及时补植齐苗。

3. 幼年树修剪 幼年茶树的修剪分3次完成。第一次修剪是当茶树高25～30厘米,有1～2个分枝时剪去主枝;第二次在茶树高35～40厘米时,在第一次剪口的基础上提高10～15厘米修剪,修剪时注意留外向芽或枝;第三次是在第二次修剪后一年进行,修剪高度是在第二次剪口的基部再提高10厘米,目的是促进高产采摘面形成,可按高度要求平剪。

4. 成年树修剪 对于投产的成年茶树,也要进行轻修剪或深修剪。轻修剪一般每年或隔年茶季结束后于11～12月份进行,高度在上年剪口的基础上提高3～5厘米。茶树经几年的轻修剪后,分枝过于密集而细弱,产量和质量下降时进行深修剪,一般3～5年进行1次,方法是剪去树冠上绿叶层的1/2,即剪去10～15厘米,剪后要重施基肥,使树冠得到快速复壮。

浅耕一般每年2～8厘米,深度10厘米左右;深耕一年1次,在10～12月份完成,20～30厘米;深翻改土5年左右1次,冬季进行,方法是在茶行间开挖40～50厘米深的沟,每667米^{2}施入160千克童忆生物有机肥。每次耕锄要结合除草,并尽量少伤茶树根系。

5. 施冬肥 按照有机茶树生长要求,宜多施优质、养分齐全、无污染的有机肥或茶树专用肥,以腐熟的有机生物肥为主,合理配施钾肥。重施冬肥,每667米^{2}施用饼肥500千克或猪粪、鸡粪肥2 000千克,与童忆生物有机肥40～80千克或童忆地力旺益生菌液1～2千克,混合拌匀后开深沟施下覆土,施肥时期以秋茶刚结束的 10～11 月为好。

6. **追肥施用** 追肥在春、夏、秋三季茶萌发前 15～30 天施下,春茶追肥提早到 2 月下旬,用量为全年的 40%,成龄茶园每次用童忆地力旺益生菌液 1～2 千克,幼龄茶园用量为 10 千克,开沟深 15 厘米施下。产量较高的茶园在夏茶期间加施 1 次童忆地力旺益生菌液,可增加产量。

7. **幼年树采摘** 主要以培养树冠、加速成园为目的。第一次修剪前严禁采摘,第二次修剪后 2～3 年,可根据长势适当打顶采摘,坚持"以养为主、以采为辅、采顶护边、采高养低、多留少采、轻采养篷"的原则。

8. **良种密植** 选用丰产、优质、抗性好的品种,如福云 6 号、福鼎大白茶、福安大白茶等,要做好品种搭配,要按标准及时、分批、多次采摘,使茶园发芽整齐。采摘方法要用提采,不宜抓采、扭采,要采匀、采净,不要伤及芽叶。要用清洁、通风性好的竹篓盛装鲜叶,并及时摊晾以免变质。机采的必须使用无铅汽油和机油,防止污染茶叶和土壤。

9. **肥料管理** 幼龄茶园,一般在每年 10 月底至 11 月上旬结合深耕施入 1.5～3 吨厩肥、童忆生物有机肥 75 千克、童忆地力旺益生菌液 2 千克作基肥。追肥则根据苗龄不同各有差别,童忆地力旺益生菌液一龄茶树全年每 667 米² 随水冲施 2～3 千克;二龄茶树全年每 667 米² 随水冲施 3～4 千克;春茶前施 60%,春茶后施 40%;三、四龄茶树全年每 667 米² 随水冲施 4～5 千克。可于春茶前、春茶后、夏茶后分别每 667 米² 冲施 50% 天然矿物硫酸钾8～10 千克。一般情况下,每千克氧化钾可长含水量 90% 的叶片244 千克左右,50% 天然矿物硫酸钾 1 千克可长含水量 75% 的茶叶 180 千克左右。因富钾田仍有增产作用,故钾可多施 30%～50%。施植物诱导剂 50 克,用 500 毫升沸水冲开,放 24 小时,对水 200 升叶面喷洒。每 667 米² 施赛众土壤调理剂 25 千克壮秧避虫;叶面喷洒植物修复素 2～3 粒,对水 25～35 千克,提高品质。

茶树肥料施用以有机肥为主,如饼肥、堆沤肥、猪牛圈肥、土杂肥、塘泥等,在春茶开采前 1 个月,春茶采摘后及秋茶采摘前 15～20 天,结合茶园浅耕除草追施童忆生物有机肥,尤其在夏秋茶季节用童忆地力旺益生菌液配红糖及其他叶面营养液等作根外追肥。追肥一般在晴天早晨露水干后,傍晚或阴天喷施,一定要喷湿叶面叶背以便吸收,喷施时期以茶树一芽一叶初展期效果最好。

10. 防治病虫草害　加强植物检疫,避免引进带检疫对象的茶苗,选用抗病品种;施有益菌,减少病虫危害,增强茶树抗性;及时采摘、修剪、清园、除草,降低病虫源。使用频振式杀虫灯具有很好的诱杀害虫效果。另外,熏蒸、人工捕杀、人工除草对病虫也有很好的防治效果。选用无公害的生物源农药,保护和利用天敌,如鸟类、寄生蜂、蜘蛛等捕食性有益生物,控制病虫危害。茶园中常见的病虫害主要有小绿叶蝉、茶螨类、茶毛虫、茶云纹叶枯病、炭疽病、轮斑病等。

11. 加工包装　严格要求加工设备及环境卫生整洁、无污染,禁止使用色素、防腐剂、品质改良剂等化学添加剂,杜绝有害金属包括铅、锡、锰、镉等金属材料作为加工工具,选用阻氧、无味无毒、无污染的包装材料,在包装贮运及其他流通媒介除了不能接触以上金属外,汞、砷、铜等也要杜绝,同时要严格监测有害细菌如大肠杆菌和其他致病菌、黄曲霉素等的发生状况,使之完全符合有机茶叶的检测标准。

附 录

附表 1 有机肥中的碳、氮、磷、钾含量速查表

肥料名称	碳(C,%)	氮(N,%)	磷(P₂O₅,%)	钾(K₂O,%)
粪肥类(干湿有别)				
人粪尿	8	0.60	0.30	0.25
人 尿	2	0.5	0.13	0.19
人 粪	28	1.04	0.50	0.37
猪粪尿	7	0.48	0.27	0.43
猪 尿	2	0.30	0.12	1.00
猪 粪	28	0.60	0.40	0.14
猪厩肥	25	0.45	0.21	0.16
牛粪尿	18	0.29	0.17	0.10
牛 粪	20~26	0.32	0.21	0.16
牛厩肥	20	0.38	0.18	0.45
羊粪尿	12	0.80	0.50	0.45
羊 尿	2	1.68	0.03	2.10
羊 粪	12~26	0.65	0.47	0.23
鸡 粪	20~25	1.63	1.54	0.85
鸭 粪	25	1.00	1.40	0.60
鹅 粪	25	0.60	0.50	1.00
蚕 粪	37	1.45	0.25	1.11
饼肥类				
菜籽饼	40	4.98	2.65	0.97
黄豆饼	40	6.30	0.92	0.12

续附表 1

肥料名称	碳(C,%)	氮(N,%)	磷(P₂O₅,%)	钾(K₂O,%)
棉籽饼	40	4.10	2.50	0.90
蓖麻饼	40	4.00	1.50	1.90
芝麻饼	40	6.69	0.64	1.20
花生饼	40	6.39	1.10	1.90
绿肥类(老熟至干)				
紫云英	5～45	0.33	0.08	0.23
紫花苜蓿	7～45	0.56	0.18	0.31
大麦青	10～45	0.39	0.08	0.33
小麦秸	27～45	0.48	0.22	0.63
玉米秸	20～45	0.48	0.22	0.64
稻　草	22～45	0.63	0.11	0.85
灰肥类				
棉秆灰	(未经分析)	(未经分析)	(未经分析)	3.67
稻草灰	(未经分析)	(未经分析)	1.10	2.69
草木灰	(未经分析)	(未经分析)	2.00	4.00
骨　灰	(未经分析)	(未经分析)	40.00	(未经分析)
杂肥类				
鸡　毛	40	8.26	(未经分析)	(未经分析)
猪　毛	40	9.60	0.21	(未经分析)
腐殖酸	40	1.82	1.00	0.80
生物肥	25	3.10	0.80	2.10

注：每千克碳供产瓜果 10～20 千克、整株可食菜 20～40 千克，每千克氮供产菜 380 千克，每千克磷供产瓜果 660 千克。

附表 2　品牌钾肥对作物的投入产出估算

品　名	每袋产量	目前市价	投入产出比
含钾 50% 红牛牌硫酸钾(德国生产)	每袋 50 千克可产瓜果 5 000 千克,产粮及干品中药材 825 千克	每袋 220 元	1 : 55.5 1 : 7.5
含钾 33%、含镁 20% 摩天牌硫酸钾镁(青海生产)	每袋 50 千克可产瓜果 3 300 千克,产粮及干品中药材 544.5 千克	每袋 160 元	1 : 50 1 : 6.7
含钾 51% 国欣牌天然硫酸钾(新疆罗布泊生产)	每袋 50 千克可产瓜果 5 100 千克,产粮及干品中药材 842 千克	用有益菌需补镁,每袋 240 元	1 : 5.2 1 : 7
含钾 52% 氯化钾(俄罗斯生产)	每袋 50 千克可产瓜果 5 200 千克,产粮及干品中药材 858 千克	每袋 200 元	1 : 65.8 1 : 8.5
含钾 20%、含硅 42%,稀土等 46 种营养(陕西合阳生产)	每袋 25 千克可产瓜果 1 000 千克,硅避虫,稀土改善品质;产粮及干品中药材 165 千克	每袋 100 元	1 : 24.4 1 : 3.3
含钾 40% 摩天牌硫酸钾(青海生产)	每袋 50 千克可产瓜果 4 000 千克,产粮及干品中药材 666 千克		1 : 7.5
含钾 20% 奥磷丹(山东生产)	每袋 50 千克可产瓜果 2 000 千克,产粮及干品中药材 330 千克	每袋 200 元	1 : 20 1 : 3.3
含氮、磷、钾各 15% 沙克富(山东生产)	每袋 50 千克,可产瓜果 1 500 千克	每袋 240 元	宜在缺氮、磷田里使用

续附表 2

品　名	每袋产量	目前市价	投入产出比
含钾 22%冲施灵,含镁、氮、磷(山西运城生产)	每袋 5 千克可产瓜果 222 千克,产粮及干品中药材 36.3 千克	每袋 25 元	1∶21.4 1∶1.4

　　说明:按国际上公认的计算方法,生产 93~244 千克鲜瓜果实;生产 33 千克含水量在 13.5%的干籽粮食或干品中药材需 1千克纯钾。反之,1 千克纯钾施入田间可供产新鲜瓜果 90~240千克。严重缺钾的土壤,即土壤钾含量在 100 毫克/千克以下,作物按产出高值计算;土壤钾含量在 150 毫克/千克左右,作物按产出中值计算;土壤钾含量在 240 毫克/千克左右,作物按产出低值计算;钾含量超过 240 毫克/千克的地块,不需再施钾。因益生菌可从空气中吸收氮,加之有机碳素肥中提供的氮,从土壤中分解的矿物元素,有效性提高 0.1~5 倍。故应用生物集成技术,除碳、钾以外,其他营养元素不再考虑投入。按生产理论,土壤中要滞留矿质营养 20%左右,每千克纯钾供产鲜瓜果 200 千克,供产粮 33千克。

附表3 童忆地力旺生物有机肥(液)及氨基酸的应用方法

作物种类	施用时期	主要功能	用 量	使用方法
小麦、水稻、玉米、棉花、油菜、大豆、茶叶、烟草等作物	基 肥	改善土壤团粒结构,提高土壤养分利用率,促进作物根系生长。防治土壤真菌、细菌病害及连作障碍,降低土壤盐害,抗重茬,改善产品品质,提高产量	每667米²用10～20千克童忆调理肥或者40～80千克生物有机肥与其他碳素有机肥料混合使用	沟施穴施
	育苗期	促苗生长根,培育壮苗,预防黄苗、病苗,苗齐苗壮,避虫	每667米²地块用种使用100～300克益生菌原液拌种,干后播种	拌种
	移栽期	缓苗快,防僵苗、死苗、黄苗,促进早分蘖,分蘖数多,营养积累好,植株健壮,抗倒伏,花芽分化早而壮,抗逆	①每667米²用1千克微生物菌剂随水冲施;②用氨基酸300倍液及微生物菌剂150倍液喷施于叶面(生长周期喷2次)	冲施喷施
	分蘖期	促进早分蘖,增加有效分蘖穗,防治多种病害	用氨基酸300倍液及微生物菌剂150倍液喷于叶面	喷施
	拔节期	穗粒饱满,孕育充分,形成大穗头		
	灌浆期	灌浆足,提高千粒克重,提早成熟,熟相好		

续附表3

作物种类	施用时期	主要功能	用 量	使用方法
蔬菜作物	播种期	大量吸收空气中二氧化碳,打开植物次生代谢功能,促发芽,生长根,防治植物缺素症,防病。促根生长,培育壮苗,预防死苗、黄苗	每667米²用10~20千克童忆调理肥或者40~80千克生物有机肥与其他碳素有机肥料混合使用	沟施普施
	定植期	促根生长,缓苗快,缩短缓苗期,早发棵,防治土传病害,防止植株早衰	①每667米²用2~4千克微生物菌剂随水冲施;②用氨基酸300倍液及微生物菌剂150倍液喷施于叶面;③用微生物菌剂蘸根;④每667米²用250克对水150升逐棵灌根	冲施喷施蘸根灌根
	生长期	色泽好,鲜叶重,果面光亮,含固形物多,营养提高,产量高,商品价值高	①每667米²使用微生物菌剂2~3升随水冲施;②用氨基酸300倍液配微生物菌剂150倍液喷施叶面,可根据长势增加用量或次数	冲施喷施

续附表3

作物种类	施用时期	主要功能	用 量	使用方法
枣、桃、梨、葡萄、苹果等果品作物	萌芽期生长期	促进根系生长,发芽早,可防治根腐病、流胶病、干腐病等,抗寒、抗旱,花蕾饱满	①每667米²用生物有机肥20～40千克对水与其他肥料混合使用;②每667米²用微生物菌剂2～3升随水冲施;③用微生物菌剂1～2千克对水500～1 000升逐棵灌根	作基肥灌根冲施
	开花期幼果期膨大期成熟期	开花早而多,保花保果,提高坐果率,果实膨大快,着色及品质好,提高产量,果面光滑,含糖度高,耐贮运。	①氨基酸稀释3倍刷到离地面30厘米往上的树干上;②每667米²用2～3千克微生物菌剂随水冲施;③用氨基酸300倍液及童忆微生物菌剂150倍液喷施于叶面	刷树干冲施喷施

续附表 3

作物种类	施用时期	主要功能	用　量	使用方法
中药材、花卉作物	基　肥	促进根系生长,防治土传病害引起的各种作物死秧	每 667 米² 用 10～20 千克童忆调理肥或者 40～80 千克生物有机肥与其他碳素有机肥料混合使用	沟施普施
	移栽期	壮苗抗病,生长旺盛,地下与地上生长平衡,根茎膨大快,药材品质好,预防虫害,抗重茬	每 667 米² 用 2～3 千克微生物菌剂随水冲施	冲施
	根茎膨大期	提高产品品质和产量,产量大幅度提高,产品丰满,漂亮,发芽早,叶绿花艳,延长衰老,促进植株生长活力	① 每 667 米² 用 2～3 千克微生物菌剂随水冲施;② 使用氨基酸 300 倍液配微生物菌剂 150 倍液喷施叶面,可根据长势情况增加用量或次数	冲施喷施

　　说明:童忆生物有机肥每克含有益菌 5 亿～6 亿个以上,主要成分:光合细菌、乳酸菌、枯草芽孢杆菌、地衣芽孢杆菌、巨大芽孢杆菌、凝结芽孢杆菌、胶冻样芽孢杆菌等。有效活菌数高于每克 0.2 亿个的国家标准 25～30 倍。液体每克含有益菌 20 亿～40 亿个,主要成分:枯草芽孢杆菌、5406 放线菌、光合细菌、酵母菌、乳

酸菌、侧芽孢杆菌等。有效活菌数高于每克 2 亿个的国家标准 10～20 倍。童忆土壤调理剂每克含有益菌 50 亿个左右,其中含有固氮地衣芽孢杆菌,在有机碳素肥充足的情况下不再施氮、磷化肥,作物能满足高产需要。

注意事项:①菌剂禁止与碱性农药及杀菌剂混用,如需使用,应间隔 2 周左右。② 开封后尽可能一次用完,如有剩余应拧紧瓶口,置阴凉处存放。③禁止阳光直射暴晒,常温避光保存。

总经销:北京童忆生物科技有限公司;地址:北京市丰台区星火路 1 号昌宁大厦 1A;全国免费服务电话:4008－018－660;传真:010－52262732;网址:http://tongyiswkj.com;邮箱:bjtyswkj @163.com

附表 4　植物诱导剂的应用方法

作物种类	拌种蘸根	浇 灌	叶面喷洒	应用效果
小麦、玉米等粮食作物	对水 2 升,拌种子 35～50 千克	对水 40 升,灌根 667 米² 地块的定植植株或者随水冲入 150 克母液	对水 40 升,喷正常植株;对水 30 升,喷生长过旺植株;对水 50 升,喷矮化植株	提高阳光利用率 0.5～4.9 倍;前期控秧促根,后期控秆促粒;抗病毒病、干热风,穗粒饱满,抗旱、抗热、抗冻、抗虫。
蔬菜作物	因种子少而小,为避免出芽慢,一般不用此液拌种、浸种	对水 80 升,浇 4～6 片叶的小苗;对水 40 升浇定植后的秧苗根部	对水 60 升,叶面喷 4～6 叶的小苗;对水 40 升喷定植后的植株;对水 30 升喷徒长秧或者已徒长的作物	防治病毒病和真菌、细菌病害;增加根系数目 0.7～1 倍;控制作物徒长;产品固形物及营养增加 20%～75%

续附表 4

作物种类	拌种蘸根	浇 灌	叶面喷洒	应用效果
果品作物	对水 100 升拌泥成浆蘸根,随蘸随栽	对水 50～100 升,浇灌 1～3 年幼树;对水 40 升浇正常树;对水 30 升浇徒长树。在树周围挖 4～6 个 20 厘米左右深小坑,可浇 667～1 334 米² 果园	对水 60 升喷幼小树叶面;对水 50 升喷正常树叶面;对水 40 升喷徒长树叶面	提高阳光利用率;激活沉睡的叶片细胞;保护花芽、花蕾不受冻害,丰满;提高果品营养含量、品质和贮运性
中药材作物	对水 40 升,用喷雾器喷在无性繁殖茎秆上或浸泡 2 分钟,晾干播种	对水 40～50 升,顺播幅行浇灌;密度大的作物每 667 米² 用 1 500 克母液随水冲施	对水 40 升在株高 15 厘米左右时叶面喷洒;徒长秧对水 30 升;僵化秧对水 50～60 升叶面喷洒	提高植株抗逆性;减轻连作障碍;营养向种子、块根和果实转移,提高中药材有效成分 40% 左右

说明:每 50 克原粉用 500 毫升沸水冲开,存放 24～48 小时后为母液,即可按表内浓度对水使用;一茬作物一年用 1～2 次即可。

注意事项:①高温干旱期用后一小时喷水和灌水。②喷雾器用清水冲洗干净后再用。③勿与有毒农药混用。④种子拌过农药的用之前清洗。⑤在气温 20℃左右的早上和傍晚喷施。⑥勿用铁器溶化本液。⑦以现配现用为好,长期存放母液效果会逐渐下降。⑧叶面喷施需加入少量无磷洗衣粉提高展着力。⑨浸泡枝条,即浸泡根部与伤口 1～2 小时为准。⑩与地力旺生物菌液和有机肥配合,可防治作物染病。⑪增加品质提高糖度,需配合施用植物修复素。⑫开花期停用,防止湿度大,影响授粉。⑬提高作物产量,需配合施用有机钾肥。